AF469861

CE LIVRE

A ÉTÉ TIRÉ A

DEUX CENT CINQUANTE EXEMPLAIRES

PAR GUSTAVE RETAUX

A ABBEVILLE

N° 2

BIBLIOGRAPHIE

DES

IMPRESSIONS MICROSCOPIQUES

BIBLIOGRAPHIE

DES IMPRESSIONS

MICROSCOPIQUES

PAR

CH. NAUROY

PARIS. CHARAVAY FRÈRES ÉDITEURS

51, rue de Seine, 51

1881

AVERTISSEMENT

Il y a bien des manières de faire de la bibliographie : on peut prendre pour sujet les livres rares en général comme Brunet, ou ceux d'une époque comme Cohen, les livres d'une période déterminée comme Quérard et ses continuateurs, ou encore une science, une imprimerie célèbre, un écrivain, une œuvre, un pays, ou même embrasser dans son cadre une biographie générale comme Œttinger, une encyclopédie comme M. F. Denis en son Manuel ; jusqu'ici on s'est peu préoccupé de l'impression en elle-meme et je ne crois pas qu'on ait tenté une bibliographie de tout un genre d'impressions. Je l'ai cependant essayé pour la plus difficile de toutes, sans avoir d'autre prédécesseur que

M. Louis Mohr (*Miscellanées bibliographiques*, 1878), auteur d'une esquisse fort rapide.

Décrire toute impression dont le caractère est microscopique, tel est le but de ce travail ; j'y ai compris aussi de très-petits volumes, in-64 pour le moins, dont le format seul est microscopique. Je ne donne pas cette bibliographie pour définitive : j'en connais ou j'en soupçonne les lacunes, et j'accueillerai avec reconnaissance toute rectification, tout renseignement nouveau (m'adresser les communications, 30, rue de Seine, à Paris). Mon ambition serait de faire un livre classique, un guide sûr, et je n'ai pas l'espoir d'y avoir réussi du premier coup. Les difficultés de mon entreprise seront assez comprises des bibliographes, sans que je les indique ; je n'ai rien négligé pour m'éclairer et j'ai presque toujours vu ce que j'ai décrit.

De tout temps les éditions microscopiques ont été recherchées et on trouverait peu de grandes bibliothèques qui n'en aient compté au moins une. A quelle époque faut-il faire remonter la première en date? c'est ce qu'il est difficile de dire. S'il fallait croire le rédacteur du catalogue de la vente Solar, l'édition de 1492 du *De amoris generibus* serait microscopique, et d'après le catalogue de la deuxième vente Potier il en faudrait dire autant du *De contritionis veritate* de 1513 : n'ayant pas réussi à les voir, je garderai la réserve. Le XVIe siècle a eu la Bible Vatable (1545), le XVIIe les éditions de Sedan et l'admirable Bible de Richelieu (1656), le XVIIIe les impressions de Fournier le jeune; puis viennent les Didot, dès 1791 avec Pierre, ensuite avec Jules, enfin avec Henri qui a donné le chef-d'œuvre de l'impression microscopique, les *Maximes* de La Rochefoucauld (1827). Cette même époque de la Restauration qui vit les impressions si nettes de Pickering en Angleterre, fut l'âge d'or du genre : ce fut une mode. La Révolution de 1830 y vint mettre un terme : l'impression microscopique disparaît alors presque complétement; puis elle ressuscite avec les mignons volumes de Laurent et Deberny, avec les *Contes rémois*, enfin avec le *Dante* de l'Exposition (1878) qui a coûté la vue à ses auteurs.

Un dernier mot. Si par hasard il se trouvait un collectionneur qui voulût réunir tout ce que j'ai décrit, je lui conseille charitablement d'y renoncer : la fortune et la passion d'un La Bédoyère n'y suffiraient pas. Nombre des éditions décrites n'existent plus guère qu'à l'état d'exemplaire unique et, si je ne fais pas suivre chaque article de la mention *rare*, c'est que vraiment on en a trop abusé.

BIBLIOGRAPHIE

OBSERVATIONS

—

Les ouvrages qui ne portent pas de lieu de publication sont publiés à Paris ; sauf indication contraire, un livre est toujours imprimé au lieu de publication.

Quand une description se termine ainsi : 52 sur 30, ou toute autre mention analogue, cela veut dire que le volume a 52 millimètres de hauteur sur 30 de largeur ; la hauteur vient toujours la première ; sauf indication contraire, il s'agit toujours de millimètres.

Les noms entre parenthèses sont ceux des possesseurs des ouvrages décrits.

B. N. signifie Bibliothèque Nationale.

—

BIBLIOGRAPHIE

DES

IMPRESSIONS MICROSCOPIQUES

—

AICARD (J.), Desportes, Paul Gervais, Léon et Ludovic Lalanne, A. Le Pileur, Ch. Martins, Ch. Vergé et Young. Un million de faits, aide-mémoire universel des sciences, des arts et des lettres, in-18, 1842, Dubochet; 2e édition, 1846, Dubochet, imp. Fournier; 3e édition, 1849, Garnier, imp. Claye; 4e, 1851; 7e, 1857, 9e, 1861; 10e, 1869. L'ouvrage a été cliché dès le premier jour; XXVII-1595-37 p.

ALMANACH auf die Iahre 1830-39, Carlsruhe, lithographiés, Anstall von C. F. Müller, 20 sur 13, sans pagination, épaisseur des 10 vol. avec l'étui 2 millimètres, fig.(M. Mohr).

AMORIS generibus (de), accuratissimè impressum Tarvisii per Gerardum de Flandria, anno salutis 1492, in-4°, 6 ff.-97 ff. (exemplaire La Vallière, N° 221 de la vente Solar).

AMOUR (l') et les belles pour l'année 1818, 8 fig. 64 p. 26 sur 18 (B. N.).

ANACRÉON. Odes d'Anacréon Téien, poëte grec, traduictes en français par R. Belleau, ensemble quelques petites hymnes de son invention, corrigé et augmenté, pour la troisième édition, plus quelques vers macaroniques du mesme Belleau, imp. Granjon, 1572, in-16 (vente Yemeniz, N° 1437).

— Carmina, cum Sapphonis et Alcœi fragmentis (græcè), Glasguæ, excud. R. et A. Foulis, 1761, in-32 (vente Yemeniz, N° 1435).

APULÉE. L'amour et Psyché, avec un encadrement bleu XVIII° siècle et des en-têtes d'après Natoire, 1878, in-32, A. Quantin, 138 p. et table, notices par A. Pons. Il a été publié, pour ce volume et pour tous les autres analogues de Quantin, des feuilles volantes donnant 1 fig. et le reste de la page de texte.

AUSONE. D. Magni Ausonii Burdigalensis Opera, Amstelredami (sic), apud Guiliel. Jansson, 1621, in-24, frontispice, 237 p. et table. On trouvera souvent ici le nom des Jansson, imprimeurs remarquables (B. N.).

BARTHÉLEMY et Méry Poésies, 1830, Bruxelles, Laurent, in-32. Contre-façon, comme toutes les éditions Laurent.

BARTHÉLEMY (l'abbé). Voyage du jeune Anacharsis en Grèce, 1826, 8°, Sanson, imp. Lebel. Il a paru un prospectus en 1825 et en même temps un prospectus d'une édition aussi en 1 vol. in-8°, imp. Rignoux, qui ne fut pas mise à exécution.

— Le même ouvrage, 16 vol. in-32, 1826.

BARTHOLOMÆUS (Edmond). Tanz-Album fur Pianoforte. Zwolf vollständige Tanze,

2e édition (la 1ère a paru en 1878), Erfurt, 1879, Fr. Bartholomæus, imp. C.-G. Rœder, à Leipzig, in-16, 67 p. 14 centimètres $^1/_2$ sur 10 $^1/_2$.

BEAUMARCHAIS. Le barbier de Séville ou la précaution inutile, 1828, in-32, imp. Constant-Chantpie, à Saint-Denis, 107 p. fig. (B. N.).

— Le mariage de Figaro ou la folle journée, 1828, in-32, même imprimerie, XXI-136 p. (B. N.).

— La mère coupable, 1828, in-32, même imprimerie, 75 p. (B. N.). La bibliographie des pièces de théâtre de cette époque est semée de pièges, vu leur grande facilité à changer de couverture et d'éditeur, sans changer d'impression.

— Œuvres, 1827, 4 vol. in-32.

BEAUX jours du jeune âge (les), s. d. (1838), in-64 oblong, Marcilly, imp. Maulde et Renou, 96 p., 8 fig., 53 sur 67 (B. N.).

BELLOY (de). Le siège de Calais, tragédie, 1826, in-32, Achille Desauges, Sanson et Ponthieu, Brière, Bourgeois, imp. J. Pinard, 64 p. (B. N.).

BELLOWS. Le vrai dictionnaire de poche (français-anglais et anglais-français), avec les deux parties imprimées sur la même page, de nombreux conseils de prononciation et des tableaux comparatifs des mesures et des monnaies, par John Bellows (de Glocester), revu et corrigé par Aug. et Alex. Beljame et John Sibree, printed by John Bellows, steam Press, Glocester, from types cut specially for the work by Miller et Richard, typefounders to the queen, Edinburgh, 1873, in-32, 6 ff, XVI-548 p., à 2 colonnes, avec encadrement rouge; l'impression a duré huit ans; 2e édition, un peu plus grande (M. Mohr).

BÉRANGER. Chansons, 1829, in-64, Bourasset, parfumeur, imp. G. Doyen, 31 p. Contient 6 chansons, 73 sur 52 (B. N.), rarissime comme les trois suivants.

— Chansons, 1829, in-48, mêmes éditeur et imprimeur, une demi-feuille.

— Chansons, février 1830, in-64, mêmes éditeur et imprimeur, une demi-feuille.

— Chansons, juillet 1830, in-64, mêmes éditeur et imprimeur, un quart de feuille.

— Chansons, 1830, Bruxelles, Laurent, in-32.

— Œuvres complètes, 1830, Bruxelles, Laurent, in-8° à 2 colonnes, port. et 4 fig.

— Œuvres complètes, 1830, Bruxelles, Laurent, in-32.

— Chansons nouvelles et dernières, 1833, Bruxelles, Laurent, in-32.

— Supplément, 1833, Bruxelles, Laurent, in-32, 125 p.

— Chansons, 1841, Bruxelles, Laurent, in-32.

BERNARDIN de Saint-Pierre. Paul et Virginie, s. d. (1835), in-64, Marcilly, imp. Firmin Didot, VI-219 p., 7 fig.

BIBLE. Biblia. Quid in hac editione præstitum sit, vide in ea quam operi præposuimus, ad lectorem epistola, 1545, ex officina Robert,

Stephani, typographi Regii, 2 feuilles et 4 feuillets-156 ff-172 ff-116 ff-180 ff (4 ff non chiffrés entre 148 et 149)-128 ff., index et notes, in-8, dite Bible Vatable, la plus ancienne édition microscopique qui me soit connue, sauf les réserves de l'avertissement. Description faite sur l'exemplaire de la B. N. qui est celui de V.-Cl.-Eusèbe Renaudot, légué par lui en 1720 à l'abbaye de Saint-Germain-des-Prés.

—La Bible,qui est toute la saincte Escriture, contenant le Vieux et le Nouveau Testament, à Genève, imp. François Jaquy, 1564, in-8° à 2 colonnes. A la suite sont les Psaumes de Marot en musique, les prières et le catéchisme, 8 ff non chiffrés-456 ff-114 ff-10 ff non chiffrés-80 ff non chiffrés (vente Solar, N° 9, et catalogue W. M.).

— La Bible, qui est toute la Saincte escriture ; contenant le vieil et nouveau Testament ou la Vieille et Nouvelle Alliance, avec argumens sur chacun livre, Genève, 1570, pour Sébastien Honorati, 3 vol. in-18, 494 ff-258 ff-199 ff-264 ff-2 ff non chiffrés (B. N.).

— La Bible, qui est toute la Saincte escripture du vieil et nouveau testament Autrement, l'ancienne et la nouvelle alliance, le tout revu et conféré sur les textes hébrieux et grecs, Sedan, Jannon, 1633, in-12, 364 ff-88 ff-112 ff (B. N.; 615 livres vente La Vallière, combien aujourd'hui?) Les impressions de Sedan, de Jannon, sont connues; je crois avoir décrit toutes celles qui sont de mon sujet; elles sont remarquables par leur netteté.

— Biblia sacra vulgatæ editionis, Sixti V pont. max. jussu recognita, et Clementis VIII auctoritate edita, 1656-57, 3 vol. in-18, Sébastien Martin, 4 feuilles et 2 ff-434 p., 407 p. et index, 200 p. A la fin du tome III se trouvent souvent : Thomas A. Kempis, De imitatione Christi, 1657, 81 p. et index; et Pugna spiritualis, tractatus verè aureus de perfectione vitæ christianæ, ab incognito, sed pio et docto viro, primum italicè scriptus, dein ab alio item incognito in Germanicam linguam versus, demum latinè redditus à R. D. Iod. Lorichio, S. Theolog. Doctor. et Professore in Acad. Friburgen. Brisgoiæ, 1657, index et 32 p. En tout 5 frontispices et 5 fig. C'est l'admirable Bible imprimée à Richelieu par les soins du cardinal ; ne fût-ce qu'à cause de ces petits caractères, le lettré devrait bénir son nom (B. N.).

— Biblia sacra vulgatæ editionis, Sixti V pont. m. jussu recognita, et Clementis VIII auctore edita, 1679, Coloniæ, apud Jacobum Naulæum, 6 vol. in-18, frontispices, 2 feuilles et 4 ff-295 p., 360, 368, 432, 64 et index, 398 et index (B. N.).

— La même, Coloniæ Agrippinæ, sumpt. Baltasaris ab Egmond, 1682, in-8° à 2 col. frontispice, 1 feuille et 4 ff-894 p. et index (Vente Jordan).

BIBLIOTHÈQUE EN MINIATURE, Lemoine, in-32, 110 sur 67. Je ne donne ici que les volumes qui portent le nom de Lemoine, mais il a racheté les éditions Chantpie, Sanson, Berquet, la librairie ancienne et moderne, d'autres encore, y a adapté ses couvertures roses et son titre. Sous cette réserve, voici ce que comprend cette collection.

Parny. Œuvres choisies, 1826, 3 vol. 154, 164-VIII, 106 p. ; 2e et 3e éditions ; 4e édition, 1829, imp. Farcy.

Malfilâtre. Œuvres, 1826, 1 vol. imp. Bellemain ; 2e édition, 1829, imp. C. Farcy, XV-302 p.

Bernard. Œuvres choisies, 1826, 1 vol. imp. Duverger.

Bertin. Œuvres complètes, 1826, 2 vol. imp. Decourchant, 109 et 110 p.

C.-A. Demoustier. Lettres à Émilie sur la mythologie, 1826, 4 vol. imp. Duverger, VII-166, 160, 168 et 160 p.; 2e édition, 1846.

Gresset. Œuvres, 1826, 2 vol. imp. J.-L. Bellemain, 132 et 180 p.

Piron. Œuvres choisies, 1826, 3 vol. même imp. X-139, 180 et 160 p.

Voltaire. La Henriade, 1826, 1 vol. imp. Decourchant, 119 p.

Luce de Lancival. Œuvres choisies, 1826, 2 vol. même imp. XII-132 et 152 p.

Mme Deshoulières. Poésies, 1826, imp. J.-L. Bellemain, VIII-156 p.

J.-F. Ducis. Œuvres, 1826-27, 8 vol. librairie française et étrangère, imp. H. Balzac, 207, 167, 148, 137, 129, 134, 120 et 124 p. La plus belle des impressions de Balzac.

La Rochefoucauld. Maximes; et Vauvenargues, Pensées, 1827, 2 vol. imp. E. Duverger, portrait gravé par Couché, 150 et 153 p.

Voltaire. Théâtre, 1826-27. 5 vol. les trois premiers édités par Baudouin frères et imprimés par Rignoux, les deux derniers édités par Lemoine et imprimés par Plassan.

Le Brun. Œuvres, 1827, 2 vol. imp. Plassan, 284 et 253 p.; il y a des exemplaire avec le nom de la Librairie ancienne et moderne.

Bonnard. Poésies, 1828, Th. Berquet et Lemoine, imp. Constant-Chantpie, à Saint-Denis, VIII-164 p.

BIBLIOTHÈQUE PORTATIVE DU VOYAGEUR. Cette collection in-36, commencée par J.-B. Fournier, a été continuée par Desoër qui en a agrandi le format et modifié le caractère, on ne pourrait dire avec avantage. J'indique seulement les changements de dimension, d'éditeur, d'imprimeur : il est donc entendu que ces indications restent constantes jusqu'à avis contraire. Voici la liste complète, et difficile à réaliser, des ouvrages de la collection :

La Fontaine. Contes, 1801, 2 vol. J.-B. Fournier père et fils, 92 sur 68.

Saint-Réal. Conjuration des Espagnols contre Venise et conjuration des Gracques, 1801.

Alexis Piron. Œuvres choisies, 1802, 2 vol. 216 et 231 p.

Cardinal de Bernis. Œuvres, 1802, 184 p.

Bernard. Œuvres, 1802, 204 p.

Vergier et Grécourt. Œuvres choisies, 1802, 200 p.

A. Hamilton. Mémoires du comte de Grammont, 1802, 2 vol. 175 et 164 p.

Jean Racine. Théâtre, 1802, 4 vol. 226, 227, 239 et 269 p.

La Fontaine. Fables, 1802, 2 vol. ; 2e édition, 1813, Fournier, imp. Marre-Roguin, 239 et 262 p., 97 sur 72.

Voltaire. La pucelle d'Orléans, 1802, 264 p.

— La Henriade et le Temple du goût, 1802, 185 p.

La Fontaine. Les amours de Psyché et de Cupidon, 1802.

Longus. Les amours de Daphnis et Chloé, d'Abrocome et d'Anthia, 1802, 232 p. : inconnu à Pons.

Tressan. Jehan de Saintré et Gérard de Nevers, 1802.

Gresset. Œuvres, 1802.

Boileau. Œuvres choisies, 1803, J.-B. Fournier père et fils, 262 p.

Voltaire. Théâtre, 1803, 5 vol. 196, 254, 228, 293 et 303 p.

Montesquieu. Grandeur et décadence des Romains, 1803.

Le Sage. Histoire de Gil Blas de Santillane, 1804, Fournier fils, 5 vol. x-221, 251, 247, 244 et 247 p.

Corneille (P.). Chefs-d'œuvre, 1807, Fournier frères, 5 vol. 197, 257, 194, 273 et 210 p.

Bossuet. Discours sur l'histoire universelle, 1810, 3 vol. imp. P. Gueffier, 193, 245 et 231 p.

C.-A. Demoustier. Lettres sur la mythologie, 1813, Théodore Desoër, successeur de Fournier frères, 3 vol. 3 fig. gravées par Gauthier, 256, 204 et 257 p., 100 sur 83.

J.-B. Poquelin de Molière. Œuvres, 1815, 7 vol. imp. C.-L.-F. Panckoucke, 244, 248, 184, 175, 230, 240 et 232 p.

Voltaire. La Henriade, 1817, imp. Firmin Didot, 179 p., 98 sur 73.

Montaigne. Essais, 1819, 9 vol. imp. Fain, 285, 266, 266, 175, 321, 308, 229, 191 et 269 p., 107 sur 78.

Regnier. Œuvres, s. d. (1823), T. Desoër;

Liège, J.-F. Desoër, imp. Fain, 201 p., 104 sur 78.

BIBLIOTHÈQUE PORTATIVE DU VOYAGEUR (NOUVELLE). Essai malheureux amené par le succès de la précédente; Plancher, 1816, in-36, 100 sur 74, comprend seulement :

Fénelon. Aventures de Télémaque fils d'Ulysse, 2 vol. 309 et 304 p.

Lettres et épitres amoureuses d'Héloïse et d'Abeilard, 2 vol. 202 et 222 p.

BIGMORE (E.-C.) et Wyman (C. W. H.). A bibliography of printing with notes and illustrations, tome I, in-8°, London, 1880, Bernard Quaritch, imp. Wyman and sons, XII-449 p. Livre bien fait; aura 2 vol.

BIJOU Almanack, 19 sur 12 (British Museum); le plus petit livre qui existe à ma connaissance.

BIJOU des étrennes (le), s. d. in-128, Marcilly, imp. Éberhart, 3 fig. 96 p., 50 sur 35 (B. N.).

BODONI. Catalogues de ses impressions sur

des feuilles volantes (F. Denis, *Manuel*, 676, 3e col.).

BOCCACE. Il Decamerone di messer Giovanni Boccaccio, nuovamente corretto per Messer Antonio Bruccioli, In Venetia, per Gabriel Jolito di Ferrarii, 1542, in-16 (vente Turner, No 308).

BOÈCE. Amicii Manlii Torquati Severini Boethii de consolatione philosophiæ Libri V, Amsterodami, apud Joan. Jaussonium, anno 1653, titre gravé avec la sphère, in-64, 207 p. et 8 ff (Mohr).

BOILEAU. Œuvres, 1821, Th. Desoër, imp. Fain, 4 vol. in-18, 459, 520, 467 et 406 p. (B. N.). Il y a des exemplaires portant le millésime de 1828, imp. Balzac, éditeur Brissot-Thivars qui racheta le restant de l'édition à la mort de Desoër.

BOUFFLERS, Œuvres choisies, 1827, 2 vol. in-32, librairie ancienne et moderne, imp. Decourchant, XII-159 et 176 p. (l'auteur).

BRINDLEY (J.), imprimeur à Londres, a

publié la collection suivante, en 24 vol. in-18 :

Cornelius Nepos. Excellentium imperatorum vitæ, 1744, 118 p. et index.

Lucretius. De natura rerum, 1749, 204 p. 4 fig.

Phædrus. Fabulæ, 1750, 82 p. et index.

J. Cæsar. Quæ extant, 1744, 2 vol. 2 cartes, 192 p. et index, 232 p. et index.

Catullus, Tibullus et Propertius. Opera, 1749, frontispice, 2 tomes en 1 vol. 132-120 p.

Quintus Curcius, 1746, 2 vol. 205 p. et index, 173 p. et index.

Horatius Flaccus. Opera, 1744, 224 p. (M. de La Sicotière ; l'exemplaire de la B. N. est plus petit que les autres, les pages sont encadrées de rouge). C'est le plus beau de la collection.

Juvenalis et Persius. Satyræ, 1644, 116 p.

Lucanus, 1751, 2 vol.

Ovidius. Opera quæ extant, 1745, 5 vol. 7 p. non chiffrées-xii-135, 328, 196, 154 et 162 p.

Sallastius. Quæ extant, 1744, 179 p. et index.

Tacitus, 1760, 4 vol.

Terentius. Comediæ sex, 1744, 256 p.

Virgilius. Opera, 1744, 324 p.

BRUTUS. Lettre de Brutus à Cicéron, texte et traduction (par André Morellet), s. l. n. d. (1783), évidemment publié par Barbou et imprimé par Fournier le jeune, in-32, 32 p. encadrées, 93 sur 64 : tiré, dit-on, à 25, rapporte Brunet (B. N. ; vente Yemeniz, N° 1340).

BUCHANAN. Georgii Buchanani Scoti, poetarum sui sæculi facilè principis, poëmata quæ supersunt omnia, in tres partes divisa, multò quàm antehàc emendatiora, Salmurii, sumpt. Cl. Girardi, Dan. Lerpinerii, Joann. Burelli, 1621, in-18, 376 p. (M. F. Denis).

CANTIQUES de l'enfant pieux tirés des poésies de Mme Manceau, s. d. (1842), in-64, imp. Maulde et Renou, 96 p. 12 fig. coloriées (B. N.).

CATULLUS, Tibullus et Propertius, 1824, in-48, Londini, impensis G. Pickering, imp. C. Corrall, titre gravé, frontispice d'après T.

Stothard gravé par Aug. Fox, 61-46-93 p.

CERCLE DE LA LIBRAIRIE, première exposition, (catalogue rédigé par G. Pawlowski) juin 1880, in-8°, LXXXVIII-112 p., fig. et photogravure, imp. en noir et en couleur par Quantin, Georges Chamerot, A. Lahure, Pillet et Dumoulin, Émile Martinet, Jules Crété, Laloux fils et Guillot.

CÉSAR. C. Julii Cæsaris quæ exstant. Ex emendatione Jos. Scaligeri Jul. Cæsaris Filii. Ex museo Joh. Isaci Pontani, 1621, in-32, Amsterodami, apud Guil. Janssonium, frontispice et 3 cartes, 438 p. et index (Mohr) ; le même, 1628, apud Joannem Janssonium (B. N.).

CHANSON HISTORIQUE DE JEANNE D'ARC pucelle d'Orléans et de ses hauts faits sous le règne de Charles VII, roi de France, 1862, in-64, Orléans, H. Herluison, imp. Chenu, 19 p., 67 sur 51 ; tiré à 35 (B. N.).

CHAPELLE et Bachaumont. Voyage, suivi du Voyage de Languedoc et de Provence, de Lefranc de Pompignan, du Voyage d'Éponne, par Desmahis, et du voyage de Parny, 1826. in-32, librairie moderne, imp. J.-L. Bellemain, 136 p. (B. N.).

CHARTE. Bonbon des élections. Charte constitutionnelle, 1828, in-64, Ch. Sédille, imp. Carpentier-Méricourt, 21 p., 66 sur 41 (B. N.).

— Charte constitutionnelle, 1829, in-64. Dissey et Piver, parfumeurs, imp. G. Doyen, 18 p., 67 sur 46 (B. N.).

— La même, édition Touquet, 1821, in-32, imp. Laurens, 32 p. (B. N.).

— La même, 5e édition Touquet, 1821, in-32, imp. Laurens, 32 p. (B. N.).

— La même, 8e édition Touquet, 1822, in-32, imp. Abel Lanoe, 32 p. (B. N.).

— La meme, 9e édition Touquet, 1822, in-32, imp. Laurens ainé, 32 p. (B. N.). Les 2e, 3e, 4e, 6e et 7e éditions Touquet doivent être aussi microscopiques.

— Charte constitutionnelle annotée des lois organiques, 2e édition de la 7e livraison de la *Bibliothèque populaire*, 1826, in-32, Touquet et Cie, imp. Marchand du Breuil, 111 p. (B. N.).

— Charte constitutionnelle avec la déclaration du 16 mars 1815, l'ordonnance du 5 septembre 1816 et le serment du sacre, septembre 1829, in-32, Baudouin junior, imp. Rignoux, 16 p. (B. N.).

— Charte constitutionnelle des Français, acceptée le 9 août 1830, 1830, in-32, Audot, imp. Fain, 43 p., les 14 premières sur papier bleu, 15-30 sur papier blanc, 31-43 sur papier rose (B. N.).

— Charte constitutionnelle acceptée par S. M. Philippe Ier, roi des Français (août 1830), s. d. (1830), in-64, imp. Marchand du Breuil, 24 p., 68 sur 44 (B. N.).

— Charte nouvelle, s. d. (1830), in-32, imp. Rignoux, 16 p (B. N.).

— Charte constitutionnelle (1830), 1830, in-64, Lagoutte, parfumeur, imp. G. Doyen, 62 p., 63 sur 46 (B. N.).

— Bibliothèque omnibus. Droit public (9e livraison). Charte constitutionnelle, annotée de l'indication des lois organiques et ordonnances royales, 1830, in-32, A.-J. Sanson, imp. Carpentier-Méricourt, 16 p. (B. N.).

— Charte constitutionnelle des Français, adoptée le 7 août 1830, comparée à l'ancienne Charte placée en regard, 1830, in-32, Lille, Vanackère fils, 17 p. (B. N.).

Toutes ces chartes, quoique tirées à un nombre considérable, sont aujourd'hui introuvables.

CHEFS-D'ŒUVRE DE LA LITTÉRATURE FRANÇAISE ou Bibliothèque en miniature, 1825, Mame et Delaunay-Vallée, imp. Lachevardière, in-48, 102 sur 61. Jolie petite collection qui n'a compté que les ouvrages suivants :

Jean Racine. Œuvres, 4 vol., portrait, 12 fig., 221, 236, 240 et 240 p. (B. N.).

Fénelon. Aventures de Télémaque, 2 vol., 6 fig., 278 et 264 p. (B. N.).

La Fontaine. Fables, 2 vol , fig.

CHÉNIER (M.-J.). Charles IX ou l'école des

rois, 1826, in-32, Bourgeois, Brière, Ponthieu Delaunay, Sanson et Dauthereau, imp. J. Pinard, 60 p. (B. N.)

— Œuvres choisies, 1826, in-32, Béchet aîné, imp. Chantpie.

CHÉSUROLLES. Petit dictionnaire biographique contenant les noms des personnages célèbres de tous les temps et de tous les pays, extrait du complément du Grand dictionnaire de Napoléon Landais, 1853, in-32, à 2 col., Didier, imp. Bonaventure et Ducessois, 603 p.

CHEVIGNÉ (comte de). Les contes rémois, 11° édition, 1875, in-32, Épernay, Bonnedame père et fils, portrait gravé par P.-Ad. Varin, VIII-232 p., tiré à 651, dont 1 sur peau de vélin, 150 sur chine avec encadrement violet et 500 avec lettres rouges initiales. Jolie édition, exécutée avec goût.

CHOIX D'ANECDOTES, de contes, d'historiettes, d'épigrammes et de bons mots, tant en prose qu'en vers, 1827, 2 vol. in-32, librairie ancienne et moderne, le tome I, imp. C. Farcy, le tome II, seul microscopique, imp. H. Balzac, 312 et 312 p.

CICERON. De amicitia, dialogus, ex recens. J.-G. Grævii, 1750, in-32, Bauche; quelques exemplaires en encre rouge.

— Le même, 1771, in-32, typis Jos. Barbou, caractères gravés par Fournier jeune, texte encadré, 2 p. non chiffrées et 112 p., portrait gravé par Ficquet, même planche que celui du De senectute de 1758 ci-après.

— Officiorum libri III, Lælius seu de amicitia liber I, Cato major seu de senectute liber I, Paradoxa lib. I, Somnium Scipionis ex VI de Rep. Venet. in ædib. Alexandri Paganini, 1515, in-24, petits caractères de forme singulière (Brunet, II, 21).

— De officiis libri III, contient aussi Cato major seu de senectute, Lælius vel de amicitia, Paradoxa VI, ad Marcum Brutum, Scipionis somnium, et De re militari, incerto authore (sic), Amsterodami, 1625, in-48, apud Guiliel. J. Cæsium frontispice, 128 p. et 18 non chiffrées (B. N.).

— De officiis, 1773, in-18, typis Joseph Barbou, texte encadré, 1 fig. d'après Moreau le jeune, gravée par Le Mire, 346 p.

— De officiis, de senectute et de amicitia, Londini, 1822, in-48, portrait, par R. Grave, titre gravé, Pickering, imp. Corrall, 155 p.

— Cato major seu de senectute, 1758, in-32, Joseph Barbou, caractères gravés par Fournier jeune, texte encadré, joli portrait gravé par Ficquet d'après Rubens, 2 ff-75 p. 2 ff.

— Suivant M. Mohr, il doit exister des éditions du De officiis, du De republica, du De amicitia, d'Amsterdam 1600 ; j'en ai vainement cherché trace, même dans la bibliothèque de Victor Cousin.

CINQ codes (les), avec indication de leurs dispositions corrélatives, 1825, in-48, Charles Froment et Eugène Renduel, imp. Jules Didot aîné, x-878 p. (B. N.).

— 1825, in-32, Constant-Chantpie, imp. Carpentier-Méricourt, 1068 p. (B. N.).

CLAUDIEN. Cl. Claudianus ex optimorum

codicum fide, Amsterodami, apud Guiliel. Janssonium, 1620, in-24, frontispice, 240 p. (B. N.).

CODES français en miniature (les), édition Diamant, s. d. (1839), 2 vol. in-32, Maison, imp. Cosse et G. Laguionie, 230-344 164-102 et 122-96-53-90-44-136-55 p. (B. N.).

COHEN (Henry). Guide de l'amateur des livres à figures et à vignettes du XVIIIe siècle, 3e édition, entièrement refondue et considérablement augmentée, par Charles Mehl, 1876, in-8°, P. Rouquette, imp. Berger-Levrault, à Nancy, XXI-618 p.

— Le même, 4e édition, in-8°, 1880, P. Rouquette, imp. Motteroz, XV-591 p.; la partie imprimée en petits caractères est belle.

COLARDEAU. Œuvres, 1826, 2 vol. in-32, librairie ancienne et moderne, imp. H. Balzac, 208 et 172 p. (B. N.).

COLLECTION de portraits des Français célèbres par leurs actions ou leurs écrits, 1827-29, in-32, tiré sur in-4°, Lami-Denozan et

Firmin Didot, imp. Firmin Didot. Cette collection devait avoir 5 volumes; il n'a paru que le premier et le commencement du second : elle paraissait par livraisons d'un portrait et d'un feuillet volant de texte sans pagination. On ne trouve *jamais* la collection bien complète; en voici l'iconographie qui n'a jamais été fixée jusqu'ici et que j'ai réussi à fixer, non sans peine. Sauf indication contraire, chaque portrait est accompagné d'un feuillet de texte et est gravé finement par James Hopwood, né à Londres, en 1795, mort en....., j'ai vainement cherché la date de sa mort que ne donne pas Redgrave (*Dictionnaire des graveurs anglais*, 1873).

Tome premier :

1. Amyot, gravé par Scriven d'après Laguiche.

2. Bayle.

3. Beaumarchais, d'après un dessin original communiqué par la famille; 2 ff de texte.

4. Bernardin de Saint-Pierre, d'après La-

lite : il a été fait deux portraits, le premier de trois quarts et la tête seulement, joli et rare, le second de face et à mi-corps, faible et commun.

5. Boileau.

6. Bossuet, d'après Rigaud.

7. Bourdaloue.

8. Buffon.

9. J.-M. Chénier, d'après Ducreux.

10. Corneille, 2 ff de texte. Déjà donné en 1827 dans un prospectus in-18 de 6 p.

11. Crébillon.

12. Delille, d'après P. Delaroche.

13. Destouches, d'après Largillière.

14. Diderot, d'après C. Vanloo.

15. Ducis.

16. Fénelon.

17. Fléchier, par Fry, d'après H. Rigaud.

18. Florian, d'après l'original communiqué par la famille.

19. Fontenelle.

20. Gresset, d'après Greuse.

21. Helvétius.
22. La Bruyère, d'après de Saint-Jean.
23. La Fontaine, par Scriven.
24. La Harpe, d'après J. Ducreux.
25. La Rochefoucauld, d'après Petitot. On le trouve avec et sans la cuirasse.
26. Lesage, d'après Guélard.
27. Malherbe.
28. Marmontel.
29. Marot.
30. Massillon, d'après Sauvage.
31. Molière, 2 ff de texte.
32. Montaigne.
33. Montesquieu.
34. Pascal.
35. Piron, par Scriven, d'après Hamilton.
36. Quinault.
37. Rabelais, d'après une miniature inédite de la B. N.
38. J. Racine, d'après Hedelinck (sic).
39. L. Racine, d'après Aved.
40. Regnard, par Scriven.

41. Rollin, d'après Coypel.

42. Ronsard, d'après Léonard Gaultier.

43. Rotrou, d'après le buste du Théâtre-Français.

44. J.-B. Rousseau.

45. J.-J. Rousseau, d'après le buste de Houdon, peint par Paul Delaroche, 2 ff de texte.

46. Mme de Sévigné, d'après Nanteuil.

47. Mme de Staël, par Fry, d'après Gérard.

48. Marguerite de Valois, d'après un manuscrit inédit de la B. N.

49. Vertot.

50. Voltaire.

Tome second.

51. Duquesne, d'après Edelinck.

52. Luxembourg, d'après Edelinck.

53. Dunois.

54. Condé, d'après Petitot.

55. Bayard.

56. Mirabeau.

57. Turenne.

58. Henri IV.

59. François Ier.

60. Klébert (sic), d'après J. Guérin.

61. D'Aguesseau.

62. Jacques Cœur.

COLLECTION des classiques français, 1824-28, in-8° à 2 colonnes, Dufour, imp. Jules Didot aîné, 2 frontispices gravés, l'un par Hopood (sic), d'après A. Desenne, l'autre par Alp. Boilly, d'après Jules Boilly, 2544 p. en 2 parties, la 1re pour la poésie, la 2e pour la prose, plus 107 p. à part, pour les contes de La Fontaine et de Voltaire, qui manquent dans nombre d'exemplaires; après la page 192 la pagination recommence p. 285, 286, etc. En 1832, Leroy et Edouard Feret firent faire des titres datés de 1833. Cette collection existe aussi en 64 volumes in-48, sous le titre de : Classiques en miniature, dont la réunion est devenue impossible (la B. N. n'en a que 36), ainsi décomposés :

Voltaire. La Henriade, portrait, 1824.

— Contes, 1824.

— Poésies diverses, 1824.

— Théâtre choisi, 1825, 4 vol., portrait.

J.-B. Rousseau. Œuvres poétiques, 1825, 2 v.

La Fontaine. Fables, 1825, 2 vol.

— Contes, 1825, 2 vol.

Molière. Œuvres complètes, 1825-28, 8 vol., portrait.

Boileau. Œuvres, 1826, 2 vol., portrait.

Jean Racine. Œuvres, 1826-27, 4 vol.

P. Corneille. Œuvres, 1827, 4 vol.

Malherbe. Poésies, 1827.

Vieux poëtes français. Morceaux choisis, 1827.

Louis Racine. La religion et la grâce, 1827.

Gresset. Œuvres choisies, 1827.

Destouches. Œuvres choisies, 1827.

Voltaire. Charles XII, 1827.

La Bruyère. Caractères, 1827, 3 vol.

La Rochefoucauld. Œuvres, 1827, qu'il ne faut pas confondre avec l'édition des Maximes publiée en même temps par Henri Didot.

Fénelon. Télémaque, 1827, 2 vol.

Massillon. Petit carême, 1827, portrait.

Fléchier. Oraisons funèbres, 1827, 2 vol.

Regnard. Œuvres choisies, 1827.

Bossuet. Discours sur l'histoire universelle, 1827-28, 3 vol.

— Oraisons funèbres, 1828.

Pascal. Pensées, 1828, 2 vol.

— Provinciales, 1828, 2 vol.

Lesage. Gil Blas, 1828, 4 vol.

Montesquieu. Grandeur et décadence des Romains, 1828.

CONSTITUTION française (la), décrétée par l'Assemblée nationale constituante aux années 1789, 1790 et 1791, acceptée par le Roi le 14 septembre 1791, 1791, in-32, Garnery, imp. Didot jeune, 160 p.

La même, 1792, in-64, de l'imprimerie de la société littéraire-typographique de l'Estrapade N° 10, 154 p. (B. N.).

CONTES à mes jeunes amis, s. d., in-64, Marcilly, imp. A. Pinard, 5 fig., 118 p., 84 sur 55 (B. N.).

CORNEILLE (Pierre et Thomas). Chefs-d'œuvre, 1828 (1827), in-8° à 2 colonnes, Charles Béchet, imp. H. Fournier, portrait de Pierre gravé par Pierre Adam d'après Devéria, 335 p. (B. N.).

CURIEUX précoces (les), s. d. (1793), in-512, Janet, 8 jolies fig., 64 p. 23 sur 18, texte gravé, almanach pour 1794. Il n'y est pas plus question de la République que si elle n'avait pas existé ; à la dernière page, une annonce de Janet dit même qu'il « fait les armes, en or, miniatures, chiffres des princes et seigneurs », annonce au moins imprudente à cette date ; cet almanach pourrait servir un jour aux érudits pour démontrer que la République n'existait pas alors en France, si les plats de la reliure originaire ne portaient des balances. C'est le plus petit livre du XVIIIe siècle et aussi le plus petit des livres antérieurs au XIXe (l'auteur).

DANTE. La divina comedia, Londini, 1822, 2 vol. in-48, Pickering, imp. Corrall, portrait.

titre gravé par R. Grave d'après R. Morghen, 181 et 374 p.

— La même, Milano, 1878, in-128, Ulrico Hœpli, portrait, 500 p. 56 sur 37 ; a figuré à l'exposition universelle de Paris ; il est douteux qu'on puisse imprimer en caractères plus petits et pourtant lisibles à l'œil nu. « Questi caratteri fusi nel MDCCCL per commissione di Giacomo Gnocchi di Milano ora si distruggono da poi che per il figlio Giovanni editore nella tipografia patavina alla Minerva dei fratelli Salmin, diretta da Gaetano Gianuzzi proto, funoro adoperati compositore Giuseppe Geche, impressore Luigi Baldan, su mille esemplari di questa edizione che giusta la fiorentina diamante MDCCCLXIX curante Luigi Busato oggi si compie IX Giugno MDCCCLXXVIII a gloria di Dante. » Épuisé.

DAVID. Les cent et cinquante pseaumes de David, mis en ryme française, c'est à sçavoir quarante-neuf par Clément Marot, et le surplus par Théodore de Bèze, 1562, 3 parties en 1 volume in-16, imp. Richard Breton. A la suite se trouvent : La forme des prières ecclésiastiques avec la manière d'administrer les sacrements ; le catéchisme, c'est-à-dire le formulaire pour instruire les enfants en la chrestienté ; confession de foy, faite d'un commun accord par les Français qui désirent vivre selon la pureté de l'Évangile(Brunet,III,1464).

— Les pseaumes mis en rime française par C. Marot et Th. de Bèze, 1563, in-32, imp. François Perrin pour Antoine Vincent, frontispice. L'exemplaire de la B. N., arrivé au feuillet Cii avec lequel se terminent les psaumes, saute au feuillet Si pour aller jusqu'au feuillet Ii,iiii, ce qui comprend les trois opuscules de l'édition ci-avant. Qu'y a-t-il dans la lacune ?C'est ce que je ne saurais dire, n'ayant pu comparer avec un autre exemplaire.

— I Salmi di David tradotti dalla lingua Hebrea nella Italiana, divise en cinque parti, di nuovo ricoretti et emendati, 1573, in-32, Pierre l'Huilier, 394 et 246 p. : il y a une faute d'impression au psaume 91 qui devrait être coté 90 ; l'erreur s'est renouvelée jusqu'à la fin (B. N. exemplaire sur vélin.)

— Les CL psaumes de David mis en rime française, assavoir quarante-neuf par Clément Marot et le surplus par Th. de Bèze, avec un calendrier historial, 1577, in-32, Antoine Chuppin, frontispice, 3 et 24 feuilles (B. N.).

— Les pseaumes de David mis en vers français, 1635, in-64, Sedan, imp. Jean Jannon, 506 p. le plus rare des Jannon, mais non le plus beau. (Bibliothèque de l'Arsenal, exemplaire très-rogné, 63 sur 42 ; Didot, exposition du cercle de la librairie en 1880).

— CL psalmen Davids durch Ambrosium Lobwasser, Amsterdam, Jod. Jansson, 1649, in-64, texte allemand, frontispice, portrait du traducteur (B. N.).

— Psaumes de David mis en rime française par Clément Marot et Théodore de Bèze, 1677, in-18, Amsterdam, veuve Schipper, finit avec le quatrième ff de la feuille x (Lefilleul).

— Psalter or psalmes of David, after the translation of the great Bible, pointed at it shal be said or sung in churches ; with the morning and evening praier, and certaine addition of collects, and other the ordinaire service, gathered out of the booke of common prayer, also a brief table declaring the true use of everie Psalme, made by Master Theod. Beza, newlie printed in a smal and portable volume or Manuel. At London, printed by Henrie Denham, dwelling in Aldersgat streat, at the signe of the star, s. d. in-32 (B. N.)

DELONCHAMPS (l'abbé). Malagrida ou le jésuite conspirateur, tragédie, 1826, in-32, chez les marchands de nouveautés, imp. E. Duverger, 45 p. (B. N.)

DENIS (Aug.) Recherches bibliographiques en forme de dictionnaire sur les auteurs morts et vivants qui ont écrit sur l'ancienne province de Champagne ou essai d'un Manuel du bibliophile champenois, 1870, 8° à 2 colonnes, Châlons-sur-Marne, imp. T. Martin ; Paris,

Claudin et Dumoulin, VI-190 p. (B. N.).

— (Ferdinand), P. Pinçon et de Martonne Nouveau manuel de bibliographie universelle, 1857, 8° à 3 colonnes, Roret, imp. Saillard à Bar-sur-Seine, XI-706 p. La même composition a été tirée en 3 vol. in-18, XVI-528, 540 et 643 p. (B. N.) Excellent ouvrage dont malheureusement il faut renoncer à avoir une 2e édition.

DESHOULIÈRES (Mme et Mlle). Poésies, 1797, in-36.

DESMAREST de Saint-Sorlin. Ouvrages de piété, s. l. 1680, in-12, imprimé avec les caractères de la Bible de Richelieu, comprend : les délices de l'esprit, 209 p. ; le chemin de la paix, 55 p. ; Recueil des poésies chrestiennes, 12 p., car. ital. ; Abraham, 34 p. ; les sept vertus chrestiennes, 30 p. (Vente Solar, n° 228).

— La vie de l'esprit ou Explication allégorique de la Genèse, s. l. à la sphère, 1680, in-12, 256 p. imprimé à Richelieu avec les caractères de la Bible de Richelieu (2e vente Potier, n° 37).

DIDOT fils ainé. Epithalame pour le mariage de Mlle Voisin avec M. de Villeneuve, s. l. n. d. imp. Didot (exemplaire d'Ambroise Firmin Didot, chez M. Lefilleul), rarissime.

DUCIS (J.-F.). Jean sans terre ou la mort d'Arthur, 1826, in-32, Desauges, Sanson, Ponthieu, Brière, Bourgeois, impr. Pinard.

— Othello ou le more de Venise, 1828, in-32, impr. Constant-Chantpie à Saint-Denis. 63 p

DU FAIL (Noël). Baliverneries ou Contes nouveaux d'Eutrapel autrement dit Léon Ladulfi, Chiswick, 1815, in-18, impr. Wittingham à Londres avec des caractères dits d'argent, tiré à 100 (vente Solar, n° 2004, et M. Lefilleul.)

ÉCOLE de la modestie (l') ou le manteau civique dédié aux enfants de la nation, s. d. (1790), in-64, Janet, almanach pour 1791, 13 fig. 24 p. 66 sur 42 (B. N).

ENCYCLOPÉDIE lilliputienne, in-48, 1780, contient, entr'autres choses, les opuscules de Coquelet : Éloge de quelque chose dédié à quelqu'un, avec une préface chantante, et éloge de rien dédié à personne, avec une post-face. A été vu par Beuchot et par M. Gustave Brunet il y a trente ans, mais a échappé à toutes mes recherches (M. le duc d'Aumale).

ENFANTINES, s. d. Marcilly, impr. Firmin Didot, 7 fig. gravées par Montaut, 51 sur 36 (B. N).

ÉPICTÈTE Épicteti Enchiridion (græcè) : ex editione Joannis Upton accurate expressum. Glasguoe excudebant Robertus et Andreas Foulis, 1751, in-32 (vente Yéméniz, n° 1435).

ÉPREUVE du premier alphabet, droit et penché, orné de cadres et cartouches, gravé par ordre du roi pour l'imprimerie royale par Louis Luce et fini en 1740, in-32, 8 ff. contient une introduction, 3 fables de La Fontaine et des vignettes.

ÉTRENNES à l'innocence, s. d. 8 fig. 64 p. 26 sur 18 (B. N).

FABRE d'Églantine. Œuvres, 1826, 2 vol. in-32, Gendron, impr. Decourchant.

FABULISTE du jeune âge (le), s. d. (1857), in-64, Marcilly, impr. Firmin-Didot, fig. 96 p.

FÉERIES morales (les), s. d. (1836) in-64, Marcilly, impr. A. Pinard, 5 fig. 127 p 85 sur 58.

FEMMES célèbres (les), s. d. (1834) in-64, Léger-Pomel, impr. Casimir, 64 p, 64 sur 51.

FORGET me not, in London, 1830, in-512, almanach assez petit pour qu'on puisse l'enchâsser dans une bague, contient plusieurs morceaux des plus célèbres auteurs anglais; on ne peut le lire qu'au moyen d'une loupe. (Dictionnaire des merveilles, dans l'Encyclopédie Migne, col. 331).

FOURNIER (Pierre-Simon) le jeune. Épreuve de deux petits caractères nouvellement gravés et exécutés dans toutes les parties typographiques, 1757, in 18, 4 p. contient 3 fables de La Fontaine et deux pièces de vers (exemplaire d'Ambroise Firmin-Didot, chez M. Lefilleul).

FURET des salons (le), s. d. (1828), in-64, Marcilly, impr. F. Didot, 9 fig.

GALLERIA Dantesca microscopica, 30 fotografie dei designi di Scaramuzza con testo di C. Fenini, Milano, 1880, Ulrico Hœpli, in-128, titre rouge et noir. Réduction photoglyptique de l'édition in-4° ; les photographies sont très-fines. Il a paru en décembre 1879 une circulaire-spécimen donnant le titre, 4 pages de texte et une photographie.

GILBERT. Œuvres, 1826, 2 vol. in-32, librairie ancienne et moderne, impr. J. L. Bellemain, 120 et 148 p. (B. N.).

GŒTHE. Die leiden des iungen Werther, réduction photoglyptique de l'édition originale, München, 1880, Adolf Ackermann, 55 sur 35. (M. Mohr). J'ai cru devoir embrasser dans mon cadre les reproductions par la photographie, la photogravure et la photoglyptie, qui permettent de donner des impressions d'un caractère beaucoup plus petit que celui de l'imprimerie ; à vrai dire, ce sont des impressions par voie chimique et peut-être, avec certaines modifications, sont-elles susceptibles de produire une révolution dans l'imprimerie.

GRESSET. Le méchant, 1826, in-32, Lemoine, impr. J. L. Bellemain, 112 p. (B. N.).

— Vert-Vert, suivi de la Chartreuse, l'Abbaye et autres pièces, 1855, in-64, fonderie Laurent et Deberny, typ. Ernest Meyer, 160 p. et table, 38 sur 22 ; il y a des exemplaires sur papier rose. Le caractère est très-petit et cependant très-net.

GRONAU (W.), à Berlin, a publié un feuillet spécimen des caractères microscopiques de sa fonderie-imprimerie; ce spécimen, en forme de croix, donne les caractères allemands, italiques et romains.

GRONDWET voor het Koningrijk der Nederlanden (constitution des Pays-Bas), Haarlem, 1861, Jos. Enschédé an Ronen, in-64, 64 p., 65 sur 45 (M. Mohr).

GUIDE bijou, 1880, in-64, impr. Asmussem à Copenhague, 2 port. 49 sur 35 (B. N.).

HAMER (J.). F. R. S. L. The Smoker's Text Boon, London, 1874, Chatto and Windus, VIII–107 p. 65 sur 54, titre gravé, encadrement vert (M. Mohr).

HAMILTON. Mémoires du comte de Grammont, 1823, 2 vo'. in-32, Delongchamps, imp. Plassan, 2 fig, VI–218 et 240 p.

HARTLEBEN. Neuigkeiten von A. Hartleben's verlag in Wien, 1879, in-52, 16 p.

HAUDARD (E. Arsène). Chansons nouvelles, 2e recueil, 1829, in-32, chez les marchands de nouveautés, impr. C. Farcy, 128 p. (M. Lefilleul).

HEBRŒA, chaldœa, grœca, et latina nomina Virorum, Mulierum, Populorum, Idolorum, Urbium, Fluviorum, Montium, cœterorumque

Locorum quœ in Bibliis sparsa leguntur, suis quœque characteribus restituta, cum latina interpretatione additis etiam Bibliorum locis in quibus ita scripta leguntur : qua in re interpretationem quœ in Bibliis compluti excusis erat, sere secuti sumus : adjecta nominibus, quorum proprii characteres ignorabantur, D litera, quœ dubiam esse interpretationem significet. Grœcis vero G litera, quœ petitam esse a Grœcis interpretationem admoneat, 1565, Antverpiœ, ex officina Christophori Plantini, in-18, finit avec la 7e page de la feuille O (B. N.).

HEURES à la cavalière, 1751, T. de Hansy, 212 p. 46 sur 30 (B. N.).

HISTORIEN du jeune âge (l'), s. d. (1836) in-64, Marcilly, impr. A. Pinard, 5 fig. 125 p. 85 sur 56 (B. N.).

HOLY Bible (the), containing the old and new Testaments : translated out of the original Tongues and with the former translations diligently compared and revised by His Majestyes special command, appointed to be read in churches, Oxford, printed at the university Press, in-24 à 2 colonnes, 116 sur 55.

HOMÈRE. Iliade et Odyssée, texte grec, London, 1831, 2 vol. in-48, Pickering, impr. Carolus Wittingham, portrait, titre gravé, 2 ff-351 p. et 2 ff-272 p.

HOMMAGE à la beauté, s. d. in-64, Marcilly, 9 fig. 24 p. 65 sur 43 (B. N.).

HORACE. Quinti Horatii Flacci opera denuo emendata, Amstelodami, apud Jud. Hondium, 1625, in-32, frontispice, 213 p. (Bibliothèque de l'Arsenal).

— Les mêmes, cum novis argumentis, Sedan, Jannon, 1627, in-32, 220 p. et 3 non chiffrées (B. N. et M. Mohr).

— Les mêmes, 1733, ex typographia regia, in-32, 224 p.

— Les mêmes, scholiis sive annotationibus, instar commentarii, illustrata a Joanne Bond, editio nova, 1767, in-18, Aurelianis, typis Couret de Villeneuve, VI-231 p. ; litteræ, quibus impressus est hic liber, à P. S. Fournier juniore incisæ sunt. (B. N.).

— 1824, in-48, Londini, Guilielmus Pickering, impr. C. Corrall, titre gravé, 192 p. portrait gravé par R. Grave qui dans les tirages postérieurs est remplacé par un frontispice gravé par Fox d'après Stothard ; 2e édition, 1824 ; 3e édition, 1826.

— 1828, A. Mesnier, recensuit Filon, impr. Henri Didot, 46 sur 27, VIII-229 p. ; il y a des exemplaires avec le nom de Sautelet.

HUGO (Victor), Odes et Ballades, Bruxelles, Laurent, in-32, 1834.

— Orientales, Bruxelles, Laurent, in-32, 1838.

— Feuilles d'automne. Bruxelles, Laurent, in-32.

— Rayons et ombres, Bruxelles, Laurent, in-32.

— Chants du crépuscule, Bruxelles, Laurent, in-32.

— Poésies, souvenir de l'Exposition nationale, Bruxelles, 1880, impression minuscule par le groupe ouvrier de l'imprimerie A. Lefèvre, papier teinté, pages encadrées de rouge, contient trois pièces des Orientales, 15 p. 86 sur 62, tiré à 100.

IMITATIONE Christi Libri quatuor (de), 1684, in-48, Coloniæ, sumptibus Joannis Léonard, bibliopolæ Bruxellensis, 246 p. et index (B. N.).

— Ad germanam lectionem reducti, juxta editionem Rosweydianam, ad fidem autographi anni 1441 recensitam, edidit Nicolaus Beauzée, unus ex Academiæ galliæ quadragintaviris, 1787, in-32, Barbou, VIII p. 4 ff-352 p. évidemment imprimé par Fournier le jeune (B. N.).

— 1829, in-48, Lyon, aux frais de Pierre Beuf, impr. Henri Didot.

— 1858, in-64, Edwin Tross, impr. Guiraudet et Jouaust, fig 155 p 47 sur 30.

— 1862, in-64, Tours, Mame, 189 p.

JANNON (J.) Espreuve des caractères nouvellement taillez, Sedan, 1621, in-4°, 8 p.

JEMIN. Ibn Jemin's Bruckstucke ubertragen von Ottokar Schlechta-Usserd, zweite auflage, Wien, 1879, in-32, verlag der Manz'schen K. K. Hof-Verlags-u.Universitats-Buchhandlung, druck von Friedrich Jasper, 3 p. encadrées de bleu.

JOHNSON. Pocket-Dictionary of the english language, 1843, in-32, Thomas Tegg, 266 p.

JUSTE LIPSE. De constantia libri duo: qui alloquium præcipue continent in Publicis malis, 1628, in-48, Lugduni Batavorum, ex officina Joannis Maire, 125 p. et 14-25 non chiffrées (B. N.).

KRILOFF. Fables (en russe), Saint-Pétersbourg, 1855, portrait 84 p. 29 sur 22; publié par Jacob de Reiche, directeur de l'établissement pour la fabrication du papier-monnaie de Russie, comme spécimen. Très-rare.

LA FONTAINE. Contes, 1829-30, 2 vol. in-32, Garnier, impr. Constant-Chantpie, 148 et 180 p. (B.N.). Rafraîchi en 1831 par Lebigre.

— Fables, 1827, 2 vol. in-32, librairie ancienne et moderne, impr. Plassan, 181 et 222 p. (B. N.).

— Les mêmes, 1850 (1849), in-64, imp. Plon frères avec les caractères de Laurent et Deberny, 256 p. 52 sur 30. Serait remarquable, si le Gresset des mêmes n'existait pas. Il a paru en juillet 1849 un spécimen de 2 p.

— Quelques fables, 1855, in-64, 26 p. extrait de l'édition précédente.

— Œuvres complètes, 1826, 8° à 2 colonnes, A. Sautelet, imp. H. Balzac, 30 vignettes dessinées par Devéria et gravées par Thompson, VIII-495 p. (B. N.). Balzac, dont la fonderie était et est encore rue des Marais-Saint-Germain, aujourd'hui rue Visconti, n° 17, devait publier tous les classiques, il n'a donné que La Fontaine et Molière, encore son nom ne figure-t-il pas dans ce dernier.

— Les mêmes, avec une vie de l'auteur, par M. Auger, ornées de 25 vignettes gravées par les meilleurs artistes anglais, 1826, 8° à

2 colonnes, Delongchamps, imp. Jules Didot, 518 p.

LA HARPE (J.-F.). Leçons de littérature prononcées à l'Ecole normale, 1827, Baudouin frères, imp. H. Balzac, in-32, 156 p. 108 sur 66 (B. N.).

— Mélanie ou la religieuse forcée, drame, 1826, in-32, Ponthieu, Delaunay, Brière et Touquet, imp. J. Pinard, 64 p. (B. N.).

LAMARTINE. Harmonies, in-32, Bruxelles, Laurent.

— Méditations, in-32, Bruxelles, Laurent.

— Œuvres complètes, 8° à 2 colonnes, 1830, Bruxelles, Laurent.

LALANNE (Lud.), L. Renier, Th. Bernard, C. Laumier, S. Choler, J. Mongin, E. Janin, A. Deloye, C. Friess. Biographie portative universelle suivie d'une table chronologique et alphabétique où se trouvent répartis en cinquante-quatre classes les noms mentionnés dans l'ouvrage, 1844, in-18 à 2 colonnes, Dubechet, imp. Béthune ; 2e édition, 1852, Garnier, imp. Jules Claye; 3e édition, 1861; 1963 p. L'ouvrage a été cliché dès l'origine.

LA ROCHEFOUCAULD. Maximes et réflexions morales, 1827, in-64, Lefèvre, Sautelet et Lugan, imp. Henri Didot, xxv-96 p. Le chef-d'œuvre de l'impression microscopique. On a imprimé depuis en caractères plus petits, mais on n'a rien fait d'aussi beau. Netteté, interlignement convenable, tout y est. Les caractères qui servirent à l'impression furent vendus en vente publique rue des Bons-Enfants le 21 novembre 1857.

LEBRUN (Mme Camille). Le royaume des nains, s. d. (18[illegible]5), in-48, Marcilly, impr. Maulde et Renou, 8 fig., gravées par G. de Montaut, 128 p. 82 sur 60 (B. N.).

LEGOUVÉ (Gabriel). Le mérite des femmes, poeme, 1818 (1817), in-18, Ant. Aug. Renouard, imp. Cordier, 36 p. (B. N.). Rarissime.

— Le même, 1828, in-64, Sainton, impr.

Casimir, 1 fig. Tiré à grand nombre, se mettait dans les corbeilles de noces, introuvable aujourd'hui.

LEGRAND (Augustin). Esope en belle humeur, ou Fables d'Esope en vaudevilles, s. d. in-24, Batilliot frères, figures à la sanguine, 60 fables sans pagination.

LEMERCIER (Népomucène). Dame censure ou la corruptrice, tragi-comédie, 2e édition, s. d. (1826), in-32, chez les marchands de nouveautés, impr. J. Pinard, 121 p. (B. N.).

— La démence de Charles VI, 3e édition, 1826, in-32, Brière, Desauges, Lecointe et Durey, Sanson, Théry, Touquet, impr. Pinard.

LESAGE. Turcaret, comédie en cinq actes, 1826, in-32, chez l'éditeur, rue de Richelieu no 87, imp. Marchand du Breuil, 96 p. (B. N.).

LIBRI. A. M. Chasles, Londres, 1867, in-4, 3 p.

LIBRO de missa de los ninos (el), s. d. in-

128, Lecomte y Lasserre, imp. Panckoucke, 5 fig. 120 p. 56 sur 35 (B. N.).

LILLIPUTIAN newspaper (a), Canada, in-64, 1880.

LIVRET pour les époux et les domestiques (en hollandais), Amsterdam, 1813, J. J. Wijsmuller, imp. Van Tyen, in-128, 32 p. 37 sur 29 (B. N.).

LOÏDOROS, petit livre de médisances, s. d. (1841), in-128, Béthune et Plon, 145 p. 42 sur 39 (B. N.).

LOMBARD de Langres. Les amours de Mars et de Vénus, poème, 2e édition, 1797, in-64, Coccuxopolis, 76 p.

LONGUS. Daphnis et Chloé, avec une grecque pour encadrement et des en-têtes genre étrusque par Scott, notices par A. Pons, 1878, in-32, A. Quantin, 1 ff-211 p. et table.

LOPEZ de la Guerta (D. José) y D. Alvarez de Cienfuegos. Sinonimos castellanos, 2e édition, Madrid, 1835, la imprenta real, in-64, VIII-121 p. 65 sur 40 (M. Mohr).

LUCAIN. M. Annæi Lucani Pharsalia, sive de bello civili Cæsaris et Pompeii lib. X, ex emendatione V. C. Hug. Grotii, Amsterodami, apud Guilielm. Janssonium, 1619, in-18, frontispice, 201 p. et 13 non chiffrées (B. N.).

LUCRÈCE. Titus Lucretius Carus. De rerum natura, Amsterodami, 1626, apud Joan. Janssonium, in-48, 168 p. (M. Mohr).

MARTIAL de Paris dit d'Auvergne. Sièges d'Orléans et autres villes de l'Orléanais, chronique métrique relative à Jeanne d'Arc, Orléans, 1866, in-32, H. Herluison, imp. G. Jacob, portrait, papier teinté, 76 p. 113 sur 72: tiré à 100 (B. N).

MARTIAL. M. Val. Martialis, ex Museo Petri Scriverii, Amstelredami (sic), apud Guiliel. Janssonium, 1621, in-24, frontispice, 318 p. (B. N.).

— M. Val. Martialis Epigrammatôn libri, animadversi, emendati, et commentariolis luculentis explicatis, Sedani, typis Joannis Jannoni, 1624, in-12, 3 ff non chiffrées, 342 p. (B. N.).

MARTIN (N.). Mariska, légende magyare, 3e édition, 1861, in-32, Jules Tardieu et Poulet-Malassis, imp. R. Housse à Abbeville, 127 p. 113 sur 70 (B. N.).

MASSILLON. Œuvres complètes, 1826, 8° à 2 colonnes, Méquignon-Havard, imp. Tilliard, 56 p. comprenant le commencement de l'Avent, tout ce qui a paru (B. N.).

MERMET (Émile). La publicité en France, guide-manuel, 4e édition, 1880, chez l'auteur, 10, rue Montholon, et à la librairie centrale des chemins de fer, A. Chaix et Cie, in-18, XLI-1012 p. contient 96 photogravures de journaux.

MINIATURE Post-Telegraph and Travelling Guide (a), Amsterdam, 1879, Arnd and son, 208 p. 6 centimètres et demi sur 4 et demi.

MOLIÈRE. Œuvres complètes, 1825, 8° à 2 colonnes, A. Sautelet, Ambroise Dupont et

Roret, Verdière, imp. H. Fournier, IX-487 p. (B. N.).

— Les mêmes, avec des notes extraites des meilleurs commentateurs par Simonin, 1825, 8° à 2 colonnes, Mame et Delaunay et Charles Gosselin, imp. Lachevardière, portrait par Desenne, 571 p.

— Les mêmes, 1825, 8° à deux colonnes, Delongchamps, Baudouin et Urbain Canel, imp. Rignoux, fig. C'est le Molière de Balzac.

— Les memes, édition dédiée aux amateurs de l'art typographique, 1827, 8° à 2 colonnes, Baudouin frères et Jules Didot aîné, imp. Jules Didot, portrait gravé par Ambroise Tardieu, 463 p. (B. N.).

— Le Tartufe, 1825, in-32, Baudouin frères, imp. Plassan, 1 fig. 92 p. (B. N.).

— Le même, 1825, in-32, Boiste aîné et Berquet, 1 fig. 128 p.

— Le même, 5e édition, 1826, in-32, chez les marchands de nouveautés, imp. Barthélemy, 96 p.

— Le même, 1828, in-64, Bourasset, imp. G. Doyen, 113 p. 82 sur 63 (B. N.).

— Le même, 1828, in-32, Carpentier-Méricourt, 90 p. (B. N.). Il y a des exemplaires de 1828 et 1829 avec le nom de Charles Sédille éditeur.

— Le même, 1844, in-32, Ch. Hingray, imp. Fournier ; 2 éditions.

MONTAIGNE. Essais, 1818, 8° à 2 colonnes, Desoër, imp. Fain, portrait gravé par Leroux, XXVII-455 p. (B. N.). La meme composition en 4 vol. in-18.

MONVEL. Blaise et Babet, 1826, in-32, Sanson, imp. Bellemain.

— Les victimes cloitrées, 2e édition, 1826, in-32, chez les marchands de nouveautés, imp. Plassan, 68 p. (B. N.).

MUQUARDT. Petit catalogue de la librairie européenne C. Muquardt, 1880, in-32, typ. John Bellows à Glocester, frontispice, 23 p. à 2 colonnes.

MUSÉE. Héro et Léandre, dessins de Pfnor,

gravures de Méaulle, notices par A. Pons, 1879, in-32, A. Quantin, 135 p. et table, pages encadrées en grisaille.

NEUIAHRGESCHENK fur das schœne geschlecht fur die Jahre 1764 und 1765, chad eun avec 10 portraits de poètes allemands, Berlin, Friedrich Nicolaï, grandeur de berloque.

NOUVEAU Testament (le), c'est-à-dire la Nouvelle Alliance de N. S. Jésus-Christ, de la version de R. Olivetan, revue et corrigée par Calvin, avec les psaumes par Cl. Marot et Th. de Bèze, la forme des prières et le catéchisme, Genève, François Estienne, 1567, 8° à 2 colonnes (1re vente Potier, n° 17).

— Le meme, Amsterdam, 1677, in-18, chez la veuve de Schipper, finit avec le 3e feuillet de la feuille T (M. Lefilleul).

NOUVELLE anthologie ou choix de chansons anciennes et modernes publiées par L. Castel, 1826, in-32, Béchet aîné, imp. J L. Bellemain, 640 p. Supplément, in-32, 1827, librairie ancienne et moderne, imp. C. Farey 640 p. (B. N.).

NOVUM D. N. Jesu Christi testamentum latine : ex interpretatione Theodori Bezæ ultimo recognita, Amsterodami, typis Pauli Arnoldi F. à Ravesteyn, impensis Johannis Jansonii, anno 1624, in-18, frontispice, 251 ff (B. N.).

— Tès kainès diathèkès apanta, Novum Jesu Christi domini nostri Testamentum, ex regiis aliisque optimis editionibus cum cura expressum, Sedani 1628 (absolutum Kalendis Martiis anno D. 1629), in-32, Jannon, 571 p. 3 fautes seulement d'impression (B. N. exemplaire donné par Huet avec son ex libris).

— Novum testamentum domini nostri Jesu Christi, vulgatæ editionis, justa exemplar Vaticanum anni 1592, 1661, in-32, Coloniæ Agrippinæ et veneunt Parisys apud Thomam Jolly, frontispice, 623 p. (Bibliothèque de l'Arsenal).

— Novum testamentum græcum, Londini, 1828, Pickering, imp. Corrall, in-48, titre gravé, frontispice d'après Leonardo de Vinci, 4 ff-512 p.

— Novum testamentum anglicè et psalmi versibus, impressa caracteribus tachygraphicis, opera Jeremiæ Rich, Londres, s. d. in-64, Samuel Botley, portrait, 574-151 p. (B. N.).

OVIDE. Les Amours, traduction du comte de Séguier, gravures de Méaulle, dessins de Meyer, pages encadrées de rose, in-32, 1879 (1880), A. Quantin, 1 ff-206 p.

OWEN. Epigrammatum Joan. Owenii cambro-britanni oxoniensis, editio postrema, correctissima, et posthumis quibusdam adaucta, Amsterodami, apud Lud. Elzevirium, 1647, in-32, frontispice, portrait, 212 p. (B. N.).

PARNY. Œuvres choisies, 1827, in-32, Carpentier, imp. G. Doyen, 228 p. (B. N.).

— Les memes, 1828, 3 vol in-32, Théophile Berquet, impr. Constant-Chantpie, xI-124, 132 et 124 p. (B. N.).

— Œuvres complètes, Bruxelles, 1830, Laurent, impr. Laurent frères, in-32, 903 p.

PASCAL (Blaise). Les provinciales, 1826, in-32, Ponthieu, Delaunay, Sanson et Brière, imp. J. Pinard, 331 p. (B. N.).

PETIT album des dames, s. d. (1834), in-64 oblong, Léger-Pomel, imp. Casimir, 128 p. 47 sur 65 (B. N.).

— Almanach des dames (le), ou Mélange portatif de chansons et de devises, an XIII, in-128, Janet, 72 p. 51 sur 36, 12 fig. fort ordinaires, mais les plats de la couverture et de l'étui portent des gravures signées Dorgez qui sont merveilleuses de finesse dans leur petitesse; je n'ai jamais vu si petits personnages si délicatement enlevés. Tiré à très grand nombre, aujourd'hui introuvable (B. N.).

— Berquin (le), s. d. (1841) Marcilly, imp. Firmin Didot, in-48, 11 fig. 95 p. 91 sur 58 (B. N.).

— Calendrier pour porte-monnaie, 1881 (1880), in-128, Vilain. 31 p. 46 sur 30.

— Conteur (le), s. d. (1836), in-64, Marcilly, imp. Pinard, 5 fig. 126 p. 83 sur 53 (B. N.).

— Conteur d'anecdotes (le), s. d. in-64 oblong, Marcilly, imp. A. Pinard, 7 fig. 95 p. 48 sur 59 (B. N.).

— Daguerréotype (le) ou une fête par mois. s.d. Marcilly, imp. Firmin Didot, 12 fig. 96 p. 82 sur 59 (B. N.).

— Fabuliste (le), s. d. (1836) in-64, Marcilly, imp. A. Pinard, 5 fig. 126 p. 84 sur 57 (B. N.).

— Florian (le), s. d. (1826) in-64 oblong, Marcilly, imp. Firmin Didot, 7 fig. 96 p. 51 sur 61 (B. N.).

— La Fontaine (le), s. d. (1828) in-64, Marcilly, impr. Firmin Didot, 7 fig. 94 p. 49 sur 60 (B. N.).

— Naturaliste (le), s. d. (1829) in-32 oblong, Marcilly, imp. Firmin Didot, 12 fig. 127 p. 59 sur 78 (B. N.).

— Paroissien de l'enfance (le), Limoges,

1850, in-128, F. F. Ardant frères, 1 fig. 96 p. 36 sur 24 (B. N.). Les années 1859 et 1860 sont un peu plus grandes. Je ne saurais dire quand a commencé cette publication, qui du reste n'a de remarquable que sa petitesse et je crois bien qu'elle dure encore.

— Paroissien de l'enfance (le), s. d. Marcilly aîné, imp. Firmin Didot, 5 fig. 80 p. 28 sur 19 (B. N.).

— Volage pour l'année 1819 (le), in-64, 64 p., 25 fig., 25 sur 16. (M. Advielle). Rarissime.

PETITE bibliothèque imprimée à Rudolstadt par B. Frœbel, avec encadrement en couleur, 92 sur 61 ; contenant :

Hieronymi Vidæ Sibacchia ludus quem ludendi peritis una cum Jac. Balde ludo Palamedis aperuit, 1820, vi-90 p.

Jo. Oweni delectum fecit et acutis ingeniis luctandum dedit, 1820, vi-90 p.

Jac. Catsii Patriarcha bigamos cui Hugonis Jonæ junxit, 1821, iv-92 p.

Joannis Secundi Basia elegantiæ studiosis Basiatoribus demo offert, 1821, IV-60 p.

Casp. Barlœi virgo Androphoros cum sponso Eginardo in conspectum prodit ductore, 1821, VI-72 p.

Hel. Eobani Herri Venus triumphans de qua Joa. Cameraius questus ab Eobano ad Thalamum ducitur et in Hispaniam abiens carmine celebratur, 1822, VI-98 p.

PETITE corbeille de fleurs (la), s. d. in-64, imp. H. Fournier, 1 fig. VIII-88 p. 66 sur 49 (B. N.).

— Excursion en France, s. d. (1836) in-64, Marcilly, imp. Pinard, 12 fig.

— Galerie des femmes de Shakspeare, s. d. 2 vol. in-64, Berthiau, imp. Amédée Gratiot, 18 portraits, 66 et 128 p. 62 sur 46 (B. N.).

— Volière (la), s. d. in-64, Marcilly, imp. Pinard, 7 fig. VIII-88 p. 61 sur 45 (B. N.).

PETITES histoires (les), s. d. in-64, Marcilly, imp. Firmin Didot, 4 fig. 24 p. 79 sur 51 (B. N.).

PETRARCA. La Rime, Londini, 1822, in-48, Pickering, imp. Corrall, titre gravé, portrait gravé par R. Grave d'après R. Morghem, 237 p. et index.

— La Rime, Venezia, 1879-80, in-128, 2 tomes en 1 vol., Ferd. Ongania, deux portraits, figures reproduites par la photogravure, 354-230 p. ; suivis de Sei sonnetti scoperti e publicati da G. Veludo, 1870 (sic), 3 ff. 68 sur 54. Devait être le pendant du Dante de l'Exposition, mais est inférieur ; le caractère n'est pas le même et est un peu plus grand. Le Tasse et l'Arioste ont été annoncés comme devant paraitre dans la même justification.

PHÈDRE. Phædri fabulæ et Publii Syri sententiæ, 1729, in-24, ex typographia regia, frontispice gravé par Th. Simonneau, pages encadrées, 1 ff et 86 p. (B. N.).

— Phædri fabulæ, L. Annæi Senecæ, ac

Publii Syri sententiæ, Aureliaci, 1773, sumpt. Couret de Villeneuve, in-32, 2 ff-92 p. 117 sur 66, pages encadrées (M. Mohr).

PHOTOGLYPTIE. Pellicule photographique. Dépêches privées et de services, N° 627-642, 52 sur 32 (M. Bonnejoy). Fait à l'occasion du premier siége de Paris, ne peut se lire, sauf le titre, qu'à l'aide du microscope ; se détruit très-facilement.

— Reproductions de journaux par la maison Emile M. Engel de Vienne, correspondant à Leipzig C. A. Koch ; ces reproductions de format in-32, sont tantôt pliées comme le journal reproduit, tantôt sur une seule feuille, le verso servant pour programme, menu ou invitation : elles sont fort à la mode en Allemagne et très-remarquables. En voici la liste :

1. Fliegende Blatter, fig. Allemand.
2. Neue Fliegende, fig. Allemand.
3. Kikeriki, fig. Allemand.
4. Kikeriki, fig. Allemand.

5. Illustrirt Wiener Extrablatt, fig. Allemand.

6. Illustrirt Wiener Extrablatt, fig. Allemand.

7. Figaro, fig.

8. Wiener Luft, fig. Allemand.

9. Figaro, fig.

10. Wiener Luft, fig. Allemand.

11. Journal amusant, fig.

12. Journal amusant, fig.

13. Paris-Murcie, fig.

14. L'Illustration, fig.

15. Festzugs-Tagblatt, fig. Hongrois.

16. Illustrirt Wiener Extrablatt, fig. Allemand.

17. Fliegende Blatter, fig. Allemand.

18. Punch, fig. Anglais.

19. The Graphic, fig. Anglais.

20. The Illustrated London News, fig. Anglais.

21. Leipziger Illustrirt Zeitung, fig. Allemand.

22. Ueber Land und Meer, fig. Allemand.
23. Neue Illustrirt Zeitung, fig. Allemand.
24. Der Bazar, fig. Allemand.
25. Berliner Modenblatt fig. Allemand.
26. Die Modenwelt, fig. Allemand.
27. Illustrirt Frauen-Zeitung, fig. Allemand.
28. Cornelia, fig. Allemand.
29. Der Bazar, fig. Allemand.
30. Revue de la mode, fig.
31. Illustrirt Wiener Extrablatt, fig. Allemand.
32. Kikeriki, fig. Allemand.
33. Wiener Allgmeine Zeitung, Allemand.
34. Wiener Tagblatt. Allemand.
35. Neue freie Presse. Allemand.
36. Deutsche Zeitung. Allemand.
37. Die Presse. Allemand.
38. Fremdenblatt. Allemand.
39. Wiener Vorstadt-Zeitung. Allemand.
40. Wiener Morgenpost. Allemand.
41. Pester Lloyd. Hongrois.
42. Neues Pester Journal. Hongrois.

43. Fővárosi Lapok. Hongrois.

44. Egyétertés. Hongrois.

45. Borsszem Janko, fig. Hongrois.

46. Bolond Istok, fig. Hongrois.

47. Svetozor, fig. Tchèque.

48. Humoristicke listy, fig. Tchèque.

49. Illustrirt Prager Extrablatt, fig. Allemand.

50. Prazsky dennik. Tchèque.

51. Bohemia. Allemand.

52. Politik. Allemand.

53. Frankfurter Latern, fig. Allemand.

54. Frankfurter General Anzeitung. Allemand.

55. Frankfurter Zeitung. Allemand.

56. Münchener Fremdenblatt. Allemand.

57. Münchener Neueste Nachrichten. Allemand.

58. Suddeutsche Presse. Allemand.

59. Stuttgard Neues Tagblatt. Allemand.

60. Stuttgard Schwabische Merkur. Allemand.

61. Stuttgard Landeszeitung. Allemand.

62. Schalk, fig. Allemand.
63. Berliner Wespen, fig. Allemand.
64. Kladderadatsch, fig. Allemand.
65. Augsburger Allgmeine Zeitung. Allemand.
66. Kölnische Zeitung. Allemand.
67. Vossische Zeitung. Allemand.
68. L'Illustration, fig.
69. Journal amusant, fig.
70. The Graphic, fig. Anglais.
71. Illustrated London News, fig. Anglais.
72. Leipziger Illustrirt Zeitung, fig. Allemand.
73. Land und Meer, fig. Allemand.
74. Kikeriki, fig. Allemand.
75. Fliegende Blatter, fig. Allemand.
76. Wiener Luft, fig. Allemand.
77. Figaro, fig.
78. Neue illustrirt Zeitung, fig. Allemand.
79. Illustrirt Frauen-Zeitung, fig. Allemand.
80. Neue freie Presse. Allemand.
81. Deutsche Zeitung, Allemand.
82. Wiener Tagblatt, Allemand.

83. Illustrirt Wiener Extrablatt, fig. Allemand.

84. Die Heimat, fig. Allemand.

85. Die Gartenlaube, fig. Allemand.

86. Neva, fig. Russe.

87. Strékoza, fig. Russe.

88. Palecek, fig. Tchèque.

89. Ustokos, fig. Hongrois.

90. Képes csal. Lap., fig. Hongrois.

91. Politische Volksblatt, fig. Hongrois.

92. Vasárnapi ujság, fig. Hongrois.

93. Portugal A Camoes, fig. Portugais.

94. Fanfulla. Italien.

95. Pasquino, fig. Italien.

96. Rivista illustrata, fig. Italien.

97. L'Esposizione mondiale, fig. Italien.

98. L'Illustrazione italiana, fig. Italien.

99. Vindobona, fig. Allemand.

100. Fliegende Blatter, fig. Allemand.

101. Leipziger Illustrirt Zeitung, fig. Allemand.

102. Illustrirt Frauen-Zeitung, fig. Allemand.

103. Kikeriki, fig. Allemand.

104. Neue Illustrirt Zeitung, fig. Allemand.
105 Dresdner Journal. Allemand.
106. Dresdner Anzeiger. Allemand.
107. Dresdner Nachrichten. Allemand.
108. Punch, fig. Anglais.
109. Judy, fig. Anglais.
110. Times. Anglais.
111. Daily Telegraph, Anglais.
112. Public Opinion. Anglais.
113. The Graphic, fig. Anglais.
114. Illustrated London News, fig. Anglais.
115. Ladies Journal, fig. Anglais.
116. The Graphic, fig. Anglais.
117. Illustrated London News, fig. Anglais.
118. Queensland fig. Australien.
119. Sidney illustrated, fig. Australien.
120. Rousskiia Viédomosti, fig. Russe.
121. Boupilnik, fig. Russe.
122. Osséjirnaua illiouastratsia, fig. Russe.
123. Osséjirnaua illioustrastsia, fig. Russe.
124. Rotterdamsch nieuwsblad. Hollandais.
125. De gracieuse, fig. Hollandais.

PHOTOGRAPHIE. Reproduction, par Ch. Winter, de Strasbourg, du tableau des votes du département du Bas-Rhin pour l'Assemblée nationale (8 février 1871). Format carte-album 142 sur 84. Format carte de visite 82 sur 60.

PHOTOGRAVURE. Reproduction par Michelet d'un n° du *Boudoir* (1880).

— Réduction au quart de 8 pages du *Livre*, revue, fig. (1881).

— Reproduction par Michelet d'un n° du *Saint-Nicolas*, 12 fig. et musique (1880). Remarquable.

PINDARE. Ta tou Pindarou sesosmena, ex editione Oxoniensi, Glasguæ, excudebant R. et A. Foulis, 1754-58, 4 vol. in-32, pages encadrées de rouge, 158, 186, 128 et 79 p. (B. N. et vente Yemeniz, n° 1419).

PIRON. La métromanie, comédie en cinq actes, 1826, in-32, chez l'éditeur, rue de Richelieu 87, imp. Marchand du Breuil, 105 p. (B. N.).

PLAISIRS de la campagne (les), in-64 oblong, Marcilly, fig. 45 sur 60.

PLATEN (Graf August von). Lebensregeln, Stuttgart, 1879, in-48, W. Kitzinger, 2e édition, 48 p. 90 sur 70.

PLAUTE. M. Accii Plauti comœdiæ superst. XX, ad doctissim. virorum editiones repræsentatæ, Amsterodami apud Guili. Janssonium, 1619, in-24, frontispice, 747 p. et 5 non chiffrées (B. N.).

PLUTARQUE. Œuvres. Vies des hommes illustres, traduites du grec et accompagnées de notes par D. Ricard, 1825-27, 8° à 2 colonnes, Brière, imp. Firmin Didot, L-1011 p. Rafraîchi en 1832 par Lefèvre et Furne. Les *Œuvres morales*, qui devaient faire pendant, n'ont pas paru.

POTHIER. Œuvres publiées par Rogron et Firbach, 1826-27, 2 vol. in-8 à 2 col. Crochard, imp. Tilliard. Décrit par Warée et par Thorin ; introuvable même à la Bibliothèque de l'École de droit.

PRÉVOST. Manon Lescaut, Londres, 1877, in-32, Glady.

PRUDENCE. Aurelii Prudentii Clementis V. Cons. Opera, ex recensione Victoris Giselini, 1610, in-24, ex officina Plantiniana, Raphelengii, 281 p. (B. N.).

— Les mêmes, ex postrema, doct. virorum, recensione, Amsterodami, 1625, apud Guiliel. Janss : Cæsium, in-18, frontispice, 261 p. (B. N.).

PUBLIC Ledger, n° du 8 juin 1872. Reproduction photographique faite à Philadelphie, 66 sur 101.

QUATRE éléments (les), s. d. in-32, Marcilly, imp. Maulde et Renou, 8 fig. 24 p. (B. N.).

RABBE, Vieilh de Boisjolin et Sainte-Preuve. Biographie universelle et portative des contemporains ou dictionnaire historique des hommes vivants et des hommes morts depuis 1788 jusqu'à nos jours, qui se sont fait remarquer chez la plupart des peuples, et particulièrement en

France, par leurs écrits, leurs actions, leurs talents, leurs vertus ou leurs crimes; ouvrage entièrement neuf, contenant un grand nombre de notices qui ne se trouvent dans aucune des biographies déjà publiées et rédigé d'après les documents les plus authentiques; orné d'un bel atlas renfermant 200 portraits gravés avec un grand soin par Montaut, 1826-34, 5 vol. in-8 à 2 colonnes, Paris et Strasbourg, F.-G. Levrault ; les tomes I et II, 2259 p. et le supplément (918 p.) ont été imprimés par Aucher-Eloy et E. Dézairs à Blois, les tomes III et IV, 1639 p., par H. Fournier. L'ouvrage est très-correct d'exécution. Emile Babeuf, fils aîné de Gracchus, fut le premier directeur de cette publication qui employa la première le procédé de rédaction par les intéressés, si cher à Vapereau et à Larousse ; ainsi Raspail a fait son article, de même Sainte-Beuve. Malgré le temps écoulé, on consulte encore cette biographie avec fruit. Quant aux portraits annoncés sur le titre, je ne les ai jamais vus : ils n'existent dans aucun des exemplaires de la B. N., pas même dans l'exemplaire de La Bédoyère, et, quoiqu'on m'ait affirmé leur existence, j'en doute.

RABELAIS. Œuvres, édition dirigée par M. de l'Aulnaye, 1820, Th. Desoër, 3 vol. in-18, portrait gravé par Thomson d'après Desenne, imp. Plassan, 12 fig. 393, 319 et 316 p. (B. N.)

RACINE (J.). Œuvres complètes, revues avec soin sur toutes les éditions de ce poète ; avec des notes extraites des meilleurs commentateurs, par J. R. Auguis, 1826, 8° à 2 col. Fortic, imp. Lachevardière fils, portrait gravé par Tavernier, III-694 p.

REGNIER (Mathurin). Œuvres, précédées de l'histoire de la satire en France, par Viollet-le-Duc, 1822, 8° à 2 col., Th. Desoër, imp. Fain, XII-97 p. Il y a des exemplaires avec la date de 1823.

— Les mêmes, 1822, in-18, Desoër, imp. Fain, XVIII-402 p. Il y a des exemplaires avec la date de 1823. Rafraîchi en 1828 par Brissot-Thivars, avec un titre imprimé par Balzac.

Cette édition n'est pas la même que la précédente, elle est beaucoup plus jolie.

REGULA et testamentum Seraphici Patris nostri S. Francisci, Antverpiæ, ex officina Plantiniana, 1616, 31 p. 67 sur 40.

RÉPERTOIRE DRAMATIQUE EN MINIATURE, collection in-32, Sanson, 1826, comprenant :

Jean Racine. Les frères ennemis, tragédie en cinq actes, imp. Hippolyte Tilliard, 61 p.

Beaumarchais. La mère coupable, drame, imp. Tilliard, 96 p.

— Le barbier de Séville, comédie, Sanson et Achille Desauge, imp. Tilliard, 95 p.

Molière. Le Misanthrope, imp. Tilliard, 80 p.

Saint-Evremont. Les Académiciens, comédie historique, imp. Auguste Barthélemy, 39 p.

Molière. Les femmes savantes, imp. Tilliard, 80 p.

Racine. Britannicus, imp. Auguste Barthélemy, 70 p.

— Les plaideurs, imp. Tilliard, 64 p.

M. J. Chénier. Tibère, imp. J.-L. Bellemain, 64 p.

Voltaire. Mérope, A.-J. Sanson, A. Leroux et C. Chantpie, Béchet aîné, imp. Decourchant, 63 p.

— Mahomet ou le fanatisme, imp. Fain.

M. J. Chénier. Fénelon ou les Religieuses de Cambrai, Delaunay, Ponthieu, Bourgeois, Brière et Touquet, imp. Pinard.

Racine. Esther ou l'École des mioistres (sic), imp. Trouvé.

Ducis. Hamlet, imp. Barthélemy.

— Othello, imp. Barthélemy, 71 p.

— Macbeth, imp. Auguste Barthélemy, 63 p.

Molière. Les précieuses ridicules, imp. Tilliard, 48 p.

Ducis. Abufar, imp. Auguste Barthélemy, 71 p.

Piron. Gustave Wasa, même imp.

Luce de Lancival. Hector, même imp.

Regnard. Le légataire universel, même imp. 94 p.

Beaumarchais. Eugénie, imp. Tilliard, 80 p.

Collé. La partie de chasse de Henri IV, imp. Tilliard, 72 p.

RÉPERTOIRE POPULAIRE DU THÉATRE-FRANÇAIS, collection in-32, 1826, Achille Désauges, comprenant :

Voltaire. Le fanatisme ou Mahomet le prophète, 1re et 2e édition, Desauges et Baudouin frères, imp. H. Fournier, 62 p.

Corneille. Polyeucte, imp. Fournier.

Beaumarchais. Le mariage de Figaro, imp. Decourchant, 163 p. 4 éditions.

Racine. Esther, imp. H. Fournier, 56 p.

Voltaire, Zaïre, même imp. 68 p.

— La mort de César, même imp. 40 p.

De La Fosse. Manlius Capitolinus, même imp. 59 p.

Corneille, Cinna, même imp. 64 p.

Voltaire. Brutus, même imp. 62 p.

Sedaine. La gageure imprévue, imp. Decourchant, 50 p.

Molière. George Dandin ou le mari confondu, imp. Marchand du Breuil, 72 p.

Racine. Athalie, imp. H. Fournier.

ROCHEFORT (Henri). La Lanterne, Bruxelles, in-32, 1869, imp. E. Wittmann, 77 n^{os} de 30 p. (B. N.).

— La meme, Bruxelles, 1869, in-64.

ROUCHER. Les mois, poème en douze chants, 1827, 2 vol. in-32, librairie ancienne et moderne, imp. C. Farcy, 171 et 180 p. (B. N.).

ROUSSEAU (J.-J.). Œuvres complètes, 1825-26, 8° à 2 col. Verdière, A. Sautelet, A. Dupont et Roret, imp. H. Fournier, 1708 p. Frontispice gravé par Hopwood, qui manque dans presque tous les exemplaires.

SAINT-JUST. Organt, poème en 20 chants, avec la clef. Au Vatican (Bruxelles), 1867, 2 vol. in-18 tirés in-8, portrait d'après le pastel de M. E. Hamel, titre rouge et noir, VIII-134 et 138 p. tiré à 261.

SAINT-LAMBERT. Œuvres, 1797, 3 vol in-36.

SAINTE-BEUVE. Poésies, Bruxelles, in-32, Laurent.

SAINTE BIBLE (la), traduite sur les textes originaux, avec les différences de la Vulgate, Cologne, aux dépens de la Compagnie, 1739, 8°, beau frontispice gravé par P. Yver d'après B. Picart, IV-884 p.

— La même, mise en vers par P. J. du Bois, La Haye, P. Servas, 1754, 192 p. 46 sur 30.

— La même, nouvelle édition, Th. Desoër, 1819, 8° à 2 col. imp. Plassan, 884 p. Le même tirage est aussi en 5 vol. in-18.

— La même, traduction nouvelle par de Genoude, édition diamant, s. d. (1846), in-18, Sapia et Beaujouan, imp. Sapia, frontispice, 1248 p. à 2 col. Il y a des exemplaires avec le nom de Gaume.

SANLECQUE (Jacques de). Éloge de J. Jannon, (1636) imp. Sanlecque.

SCHILLER. Die Rauber, ein schauspiel, München, s. d. (1880), bei Adolf Ackermann, in-64, 9 ff-222 p. 58 sur 38. Reproduction photoglyptique de l'édition originale (M. Mohr). Il a paru en novembre 1879, un spécimen de 2 p.

SHAKSPEARE. Plays, London, 1825, 9 vol. in-48, Pickering, imp. Corrall, 306, 279, 294, 326, 321, 348, 320, 315 et 270-LIV p. (M. Vallot) Il y a des exemplaires avec 38 fig. principalement d'après Stothard.

— The dramatic Works, London, 1826, in-18 à 2 col., William Pickering, imp. Corrall, 783 p Il y a des exemplaires avec les 38 fig. du précédent ; il y en a aussi avec le portrait gravé par H. Robinson en 1832. Rafraichi en 1831.

— The Works, reprinted ofron the early editions, including life, glossary, etc., London, s. d. Frédéric Warne and co ; New-York, Scribner, Welford and Armstrong, imp. Savill, Edwards and Co, XVI-748 p. De la collection « the Chandos classics » (M. Vallot).

SOIRÉES de l'enfance (les), s. d. (1833), in-64, Marcilly, imp. Pinard, 7 fig.

SOUVENIRS d'un petit voyageur (les), s. d. (1836), in-64, Marcilly, imp. Pinard, 5 fig.

STACE. Pub. Papirius Statius, denuo ac serio emendatus, Amsterodami, apud Guilielmum Janss : Cæsium, 1624, in-24, frontispice, 336 p. et 3 non chiffrées (B. N.).

TACITE. Œuvres, traduction nouvelle par C. L. J. Panckoucke, 1838, in-32, 220 p. 115 sur 67. Ne contient que la vie d'Agricola et le De oratoribus, texte et traduction. (M. Mohr.)

TAILLARD (Constant). Un jésuite et Sophie Arnould, poème dialogué, dédié aux divinités de l'Opéra, 1826, in-32, Jehenne, imp. J. Pinard, 48 p. (B. N.) Les pages 33-48 contiennent de jolis mots de Sophie Arnould, dont quelques-uns ne sont pas dans les autres publications qui la concernent.

TASSO (Torquato). La Gerusalemme liberata, Londra, 1822, 2 vol. in-48, Pickering, imp. Corrall, titre gravé, portrait par R. Grave d'après R. Morghen.

TATIUS (A.). Leucippe et Clitophon, gravures de Méaulle, traduction de A. Pons, 1880, in-32, A. Quantin, pages encadrées de rouge, VII-209 p. et table

TERENTIUS Afer (Publius), Londini, 1822, in-48, Pickering, imp. Corrall, titre gravé, portrait par R. Grave d'après Visconti, 220 p; 2e édition, 1823.

THÉATRE érotique de la rue de la Santé, s. l. n. d. in-32, tiré à 64.

TITI LIVII patavini historiarum libri, Amsterdami (sic), apud Guilielm. Blaeu, 1633, in-18, frontispice, 1007 p.

— Le meme, Amsterodami, apud Johannem Janssonium, 1635, in-12, frontispice, 1052 p. à 2 col.

UFFIZIO della Virgine, Venezia, apud Juntas, 1649, lettres rouges et noires, 256 p. 50 sur 30. Exemplaire unique, à Florence.

VIRGILE. Publii Virgilii Maronis poetarum

latinorum principis opera indubitata omnia, ad doctissimum R. P. Jacobis Pontani castigationes accuratissime excusa (sic), Sedan, 1626, in-32, imp. Jean Jannon, 367 p. (B. N.) Il y a des exemplaires avec la date de 1628.

— Les mêmes, studio Th. Pulmani correcta, Amsterdami, officina Blaviorum, 1637, in-32, frontispice, 304 p. (M. F. Denis).

— Accurante Nic. Heinsio Danielis filio, Lugduni Batavorum, ex officina Hackiana, 1671, in-24, frontispice et 100 fig. 468 p.

— Londini, 1821, in-48, typis C. Corrall, impensis Gul. Pickering, titre gravé, portrait gravé par R. Grave, 283 p. et erratum. Le plus rare de tous les Pickering.

VIVALDUS. De contritionis veritate, aureum opus Fratris Joan. Vivaldi de Monte regali, ordinis fratrum prædicatorum sacre pagine professoris, impressum in oppido Hagenau per industrium Henricum Gran, 1513, in-4, 100 ff et 24 de table (2e vente Potier, N° 82).

VOLTAIRE. Œuvres complètes, 1825-27

3 vol. in-8 à 2 col., A. Sautelet, Verdière, Furne et A. Dupont, imp. H. Fournier, 1848, 2168 et 2235 p. Impression très-nette, comme toutes celles de H. Fournier.

— Les mêmes, édition dédiée aux amateurs de l'art typographique, 1825-29, 8° à 2 col. en 4 parties, Jules Didot aîné et Dufour, imp. Jules Didot aîné, 5551 p. Rafraichi en 1833 par Leroy et Édouard Féret. La première partie, comprenant les poésies, a eu un titre à part et a aussi été rafraichie en 1832 par Lebigre.

— La pucelle d'Orléans, poëme héroï-comique, nouvelle édition, sans faute et sans lacune, augmenté d'une épître du P. Grisbourdon à M. de Voltaire, et un jugement sur le poëme de la Pucelle à M***, avec une épigramme sur le meme poëme, en dix-huit chants, Londres, 1736, in-32, 140 p. (B. N.).

— La même, Conculix, 1765, 2 tomes in-18, portrait et 20 fig. xv–266 p.

WARNE'S bijou dictionary of the english

language, compiled from the autorities of Johnson, Sheridan, Worcester, Walter, Webster, Richardson, etc., edited by Alex. Charles Ewald, F. S. A. London, s. d. in-32, Frédérik Warne and Co, imp. Woodfall and Kinder, portrait de Johnson, 640 p. (M. Vallot).

WHOLE book of psalms (the) in meeter acording to that most exact et compendious method of short writing composed by Thomas Shelton (bein his former hand) aproved by both Universities et learnt by many thousand, sold by John Clarke at Mercers chappell in cheapside, s. l. n. d. in-64, 60 sur 37, sténographie (Bibliothèque de l'Arsenal).

WIENER factoren-vereins-Kalender, 1879, IV Jahrgang, Wien, verlag von Carl Fromme, in-64, 82 p. non chiffrées, encadrées de rouge, 44 sur 32.

SUPPLÉMENT

—

ANDRÉ (maître), perruquier. Le tremblement de terre de Lisbonne, tragédie en cinq actes, 1826, in-32, A. Leroux et C. Chantpie et Béchet aîné, imp. Decourchant, 71 p. (B. N.)

AUSONE. D. Magni Ausonii Burdigalensis opera, Amsterodami, apud Joann. Janssonium, 1629, in-24, 222 p. et table (B. N.) Le frontispice est le même que celui de l'édition de 1621, décrite p. 13, mais il est plus effacé.

BIBLIA sacra vulgatæ editionis Sixti V Pontif. Maximi jussu recognita, et Clementis VIII auctoritate edita, Lugduni, 1827, 6 vol. in-32, sumptibus Petri Beuf, excudebat Firminus Didot, 498, 535, 579, 647, 617, 96 p. et index (B. N.). La même composition en 1 vol. in-8.

BOCCACE. L'édition de 1542, décrite p. 26 sur la foi du catalogue Turner, n'est pas microscopique.

BOÈCE. Amicii Mantii Torquati Severini Boethii de consolatione philosophiæ libri V cum præfatione P. Berthii, Amsterodami, in-48, 1640, apud Joh. et Corn. Blaeu, 3 feuilles, 8 feuillets et 174 p. (M. Vallot).

BYRON. Don Juan in sixteen cantos, London, s. d. Cornish, in-64, titre gravé, portrait par Whittock, 544 p.

CATULLUS, Tibullus, Propertius, cum C. Galli fragmentis quæ extant, Amsterodami, 1630, in-24, apud Joan. Janssonium, frontispice, 240 p.

CODES en vigueur en Belgique (les), suivis de leurs nouvelles modifications, Bruxelles, 1845, in-32, tous les libraires, 826 p.

CONTREFAÇONS BELGES. A coup sûr, les libraires belges, en contrefaisant nos écrivains jusqu'en 1852, pensaient peu travailler pour les bibliophiles, c'était leur moindre souci; c'est cependant ce qui est arrivé. Les contrefaçons belges sont très-recherchées en Belgique, une bonne partie est même devenue introuvable. Inconnues à la loi belge, proscrites par la loi française, leur bibliographie n'avait pas encore été tentée, quand M. Alph. Dechamps publia son *Essai bibliographique sur la collection d'auteurs français in-32 publiée à Bruxelles par MM. Laurent frères et par leurs continuateurs* (1828-1853), Bruxelles, 1879, Fr. J. Olivier, in-8. Ce travail, très-incomplet, comme l'auteur paraît le soupçonner, nous a été fort utile ; car, si ces contrefaçons sont difficiles à trouver en Belgique, où leur circulation est libre, elles le sont beaucoup plus en France, où elles commencent seulement à se montrer ouvertement. Aux articles *Hugo*, *Lamartine*, *Barthélemy*, *Parny* et *Sainte-Beuve*, nous en avons indiqué quelques-unes ; voici provisoirement une liste plus longue, la première de ce genre publiée en France : la rubrique Bruxelles, in-32, est toujours sous entendue. Chaque ouvrage a 1 vol. sauf indication contraire.

Abadie (Auguste). Anathèmes et louanges. Les régions du Ciel, J.-B. Tarride, 1856.

Andrieux. Poésies, Laurent frères, 1829.

— Poésies, Méline, Cans et Cie, 1842.

Augier (Emile). Gabrielle, Jonker frères, 1850.

— L'aventurière, librairie universelle de Rozez, 1850. Il y a des exemplaires avec le nom de Jonker frères.

— La ciguë, Jonker frères, 1850.

— Un homme de bien, Jonker frères, 1850.

— Le joueur de flûte, Jonker frères, 1851.

— Diane, Jonker frères, 1852.

— Philiberte, H. Tarlier, 1853.

Autran (Jules). La fille d'Eschyle, librairie universelle de Rozez, 1851.

Barbier (Auguste). Iambes, Laurent frères, 1832.

— Il Pianto, E. Laurent, 1833.

— Œuvres, E. Laurent, 1837.

— Nouvelles satires, Mme Laurent, 1840.

— Œuvres, édition revue avec soin sur celle de l'auteur de 1852, Tarlier, 1853.

Barthélemy et Méry. L'article porté p. 13 a pour titre : Œuvres complètes.

— L'insurrection, Laurent frères, 1830.

— Douze journées de la Révolution, E. Laurent, 1832.

— Némésis, E. Laurent, 1832; E. Laurent, 1836.

— Œuvres, E. Laurent, 1835, 2 vol.

— L'Enéide, E. Laurent, 1835, 2 vol.

— Cinquièmeanniversaire, E. Laurent, 1835.

— Œuvres. Poèmes nouveaux et poésies diverses, Mme Laurent, 1840.

— L'art de fumer ou la Pipe et le Cigare, Méline, Cans et Cie, 1844.

Barthet (Armand). Le moineau de Lesbie, Jonker frères, 1851.

Boyer (Philoxène). Sapho, Méline et Cans, 1843; Jonker frères, 1851.

Beauvallet. Le dernier Abencérage, librairie universelle de Rozez, 1832.

Béranger. Chansons, s. d. Tarlier, imp. Laurent frères; la couverture imprimée porte Jules Boquet, 1827, 4 lithographies.

— Chansons, Laurent frères, 1828 ou 29 (Dechamps).

— Le Béranger des demoiselles, Laurent frères, 1828 ou 29 (Dechamps).

— Chansons inédites, H. Tarlier, 1828, 112 p.

— Chansons inédites, Laurent frères, 1829.

— Chansons, supplément, Laurent frères, 1830, en 3 parties de 72, 92 et 26 p.

— Chansons, supplément, Tarlier, 1830, en 3 parties de 72, 80 et 39 p.

— Chansons, E. Laurent, 1836.

— Chansons, Hauman, 1837.

— Chansons, édition complète, E. Laurent, 1841.

— Chansons, Méline, 1849.

— Chansons, édition complète, conforme à

la dernière édition publiée par l'auteur, Méline, Cans et Cie, 1849, 32 fig. gravées par Birouste.

— Chansons, Bruxelles et Leipsig, Kiessling, Schnée et Cie, 1854.

— Chansons, édition complète, J.-B. Tarride, 1854.

Boileau. Œuvres, Laurent frères, 1829 ; E. Laurent, 1841.

Brizeux (A.). Marie, Mme Laurent, 1840.

Chénier (André et M. J.). Œuvres, Laurent frères, 1829.

— (André). Poésies, nouvelle et seule édition complète, Mme Laurent, 1840.

— (M. J.) Poésies, Méline, Cans et Cie, 1842.

Delavigne (Casimir). Poésies, Laurent frères, 1828 ou 29 (Dechamps).

— Complément des poésies, Laurent frères, 1831.

— Œuvres complètes. Poésies, Laurent frères, 1831.

— Œuvres complètes. Théâtre, Laurent frères, 1831.

— Louis XI, Laurent frères, 1832 ; E. Laurent, 1836.

— Don Juan d'Autriche, E. Laurent, 1836.

— Une famille au temps de Luther, E. Laurent, 1836.

— La popularité, Mme Laurent, 1839.

— Les enfants d'Edouard, Mme Laurent, 1840.

— La fille du Cid, Mme Laurent, 1840.

— Œuvres complètes, Messéniennes, Mme Laurent, 1840.

Désaugiers. Chansons et poésies diverses, E. Laurent, 1833.

Desbordes-Valmore (Mme). Poèmes et poésies, E. Laurent, 1833.

— Les pleurs, E. Laurent, 1833 ; 2e édition, 1837.

— Pauvres fleurs, Mme Laurent, 1839.

— Poëmes et poésies, 2e édition, Mme Laurent, 1839.

Deschamps (Antoni). Poésies : Traduction de Dante Alighieri ; les dernières paroles, E. Laurent, 1837.

— (Émile). Poésies. Études françaises et étrangères, E. Laurent, 1836.

Dumas (Alexandre). Henri III, E. Laurent, 1834, avec la préface : Comment je devins auteur dramatique ; 2e édition, 1841, moins la préface.

— Antony, E. Laurent, 1834 ; 2e édition, Mme Laurent, 1840.

— Christine, E. Laurent, 1834.

— Charles VII, E. Laurent, 1834.

— Térésa, E. Laurent, 1834.

— Richard d'Arlington, E. Laurent, 1834.

— La Tour de Nesle, E. Laurent, 1835 ; 2e édition, Mme Laurent, 1840.

— Napoléon Bonaparte, E. Laurent, 1835 ; 2e édition, Méline, Cans et Cie, 1842.

— Théâtre, E. Laurent, 1834, 2 vol. ; comprend ces huit pièces.

— Catherine Howard, E. Laurent, 1834 ; rafraichi en 1838.

— Angèle, E. Laurent, 1834.

— Don Juan de Marana, E. Laurent, 1836.

— Le mari de la veuve, E. Laurent, 1836.

— Kean, E. Laurent, 1836 ; 2e édition, Méline, Cans et Cie, 1842.

— Caligula, E. Laurent, 1838.

— Mademoiselle de Belle-Isle, Mme Laurent, 1839.

— L'alchimiste, Mme Laurent, 1839.

— Un mariage sous Louis XV, Méline, Cans et Cie, 1842.

— Halifax, Méline, Cans et Cie, 1843.

— Les demoiselles de Saint-Cyr, Méline, Cans et Cie, 1843.

Foussier (Edouard). Héraclite et Démocrite, Jonker frères, 1850.

Gautier (Théophile) La comédie de la mort, E. Laurent, 1838 ; inconnu à Tourneux.

Girardin (Mme Emile de), née Delphine Gay. Œuvres, E. Laurent, 1834.

— Judith, Méline, Cans et Cie, 1843.

Hugo (Victor). Poésies, Laurent frères, 1828.

— Odes et ballades, Laurent frères, 1832 ; 2e édition, Laurent frères, 1834 ; 3e édition, E. Laurent, 1838.

— Les Orientales, Laurent frères, 1829 ; 2e édition, E. Laurent, 1832 ; 3e édition, E. Laurent, 1838.

— Les feuilles d'automne, E. Laurent, 1832 ; 2e édition, 1833 ; 3e édition, Mme Laurent, 1840.

— Les chants du crépuscule, E. Laurent, 1836 ; 2e édition, Méline, Cans et Cie, 1842.

— Les voix intérieures, E. Laurent, 1837.

— Les rayons et les ombres, Mme Laurent, 1840.

— Le retour de l'Empereur, Mme Laurent, 1840 ; contient les pièces sur le même sujet de Casimir Delavigne, Barthélemy et Reboul.

— Hernani, Laurent frères, 1831 ; 2e édition, E. Laurent, 1838.

— Le roi s'amuse, E. Laurent, 1834.

— Théâtre, E. Laurent, 1833 : contient Hernani, Marion Delorme, le Roi s'amuse, Lucrèce Borgia ; 2e édition, E. Laurent, 1838 ;

— Marion Delorme, E. Laurent, 1838.

— Lucrèce Borgia, E. Laurent, 1838.

— Cromwell, E. Laurent, 1834.

— Marie Tudor, E. Laurent, 1834 ; 2e édition, E. Laurent, 1841

— Angelo, E. Laurent, 1835.

— Ruy Blas, Mme Laurent, 1838.

— La Esmeralda, E. Laurent, 1838.

— Les Burgraves, Méline, Cans et Cie, 1843.

— Han d'Islande, E. Laurent, 1835, 2 vol.

— Bug-Jargal, E. Laurent, 1835.

— Le dernier jour d'un condamné, suivi de Claude Gueux, E. Laurent, 1835.

— Notre-Dame de Paris, E. Laurent, 1835, 3 vol.

— Littérature et philosophie, E. Laurent, 1841.

— Le Rhin, Méline, Cans et Cie, 1842.

Lamartine (Alphonse de). Méditations, Laurent frères, 1830, frontispice et fig.

— Œuvres, Méditations, E. Laurent, 1833.

— Harmonies, Laurent frères, 1830.

— Œuvres. Harmonies, E. Laurent, 1833.

— Œuvres. Jocelyn, E. Laurent, 1836.

— Jocelyn, J.-B. Tarride, 1854.

— Œuvres, 5 vol. comprend : Méditations. Mme Laurent, 1839 ; Harmonies, E. Laurent, 1841 ; Jocelyn, avec une nouvelle préface de Lamartine, E. Laurent, 1841 ; la chute d'un ange, E. Laurent, 1838 ; Recueillements poétiques, Mme Laurent, 1839.

— Poésies nouvelles, Bruxelles et Leipzig Kiessling et Cie, 1850.

— Toussaint-Louverture, Jonker frères, 1850.

— Voyage en Orient, E. Laurent, 1836 1 vol.

La Mennais (de). Paroles d'un croyant, suivi de l'Hymne à la Pologne par le même ; de la Réponse d'un chrétien, par l'abbé Bautain ; du jugement ou examen de l'ouvrage, par le baron d'Eckstein et par Sainte-Beuve ; d'une lettre de S. Cahen, et de la lettre encyclique du pape, E. Laurent, 1834.

— Le même, nouvelle édition contenant les passages supprimés dans toutes les éditions précédentes, E. Laurent, 1838.

— Le livre du peuple, E. Laurent, 1838.

— De l'absolutisme et de la liberté (Dialoghetti), Louis Hauman et Cie, 1836, imp. E. Laurent.

— De la servitude volontaire ou le contr'un, par Estienne de la Boëtie (1548), avec une préface de F. de La Mennais, Louis Hauman et Cie, 1836, imp. E. Laurent.

Maquet (Auguste) et Jules Lacroix. Valéria, Jonker frères, 1851.

Millevoye. Œuvres, Laurent frères, 1829 : 2e édition, E. Laurent, 1837.

Moreau (Hégésippe). Le Myosotis, Mme Laurent, 1840.

Musset (Alfred de). Poésies, E. Laurent, 1835.

— Poésies nouvelles, Mme Laurent, 1840 ; 2e édition, imp. G. Stapleaux, 1851.

— Œuvres : poésie, J.-B. Tarride, 1854.

— Nouvelles poésies, H. Tarlier, 1853.

— Les caprices de Marianne, librairie universelle de Rozez, 1851.

Parny. La guerre des Dieux suivie des Galanteries de la Bible, Laurent frères, 1830.

Ponsard. Lucrèce, Méline, Cans et Cie, 1843.

— Agnès de Méranie, Jonker frères, 1850.

— Charlotte Corday, Jonker frères, 1850.

— Horace et Lydie, Jonker frères, 1850.

— L'honneur et l'argent, H. Tarlier, 1853.

Quinet (Edgar). Napoléon, poëme, E. Laurent, 1836.

— Prométhée, E. Laurent, 1838.

Racine (Jean). Théâtre, E. Laurent, 1838, 2 vol. avec 13 fig. Il y a des exemplaires avec le nom de Hauman.

Reboul, de Nimes (Jean). Poésies, précédées d'une préface par Al. Dumas et d'une lettre à l'éditeur par de Lamartine, E. Laurent, 1836.

— Le dernier jour, poëme en dix chants, Mme Laurent, 1839.

Rességuier (comte Jules de). Prismes poétiques, précédés des Tableaux poétiques, E. Laurent, 1838.

Sainte-Beuve. Poésies : Joseph Delorme, les Consolations, E. Laurent, 1834.

— Poésies : Pensées d'août, E. Laurent, 1838.

Sand (George). François le Champi, Bruxelles et Leipzig, Kiessling et Cie, 1851.

— Claudie, Jonker frères, 1851.

— Molière, Bruxelles et Leipzig, Kiessling et Cie, 1851.

— Le démon du foyer, Tarride, 1852.

— Le pressoir, librairie universelle de Rozez, 1853.

Sandeau (Jules). Mademoiselle de la Seilière, Jonker frères, 1851.

Sauvage. Les porcherons, Jonker frères, 1850.

Scribe. Le prophète, Jonker frères, 1850.

Scribe et Legouvé (E.). Adrienne Lecouvreur, Bruxelles et Leipzig, Kiessling et Cie, 1850.

— Les contes de la reine de Navarre, Jonker frères, 1850.

Tastu (Mme Amable). Œuvres, Laurent frères, 1829.

— Œuvres, édition nouvelle, E. Laurent, 1835.

— Poésies nouvelles, E. Laurent, 1835.

Turquety. Amour et Foi, E. Laurent, 1834; 2e édition, J. B. Tarride, 1854.

— Poésie catholique, E. Laurent, 1836.

— Hymmes sacrés, Mme Laurent, 1839.

— Primavera, E. Laurent, 1841.

Vigny (comte Alfred de). Poëmes, E. Laurent, 1834.

Voltaire. La pucelle d'Orléans, poëme. 1826.

CORNEILLE (Th.). Le festin de Pierre, comédie en cinq actes de Molière, mise en vers par Th. Corneille (1677), 1826, in-32, Touquet et Cie, imp. Selligue, 112 p. (B. N.). Il y a des exemplaires avec le nom de Brière, et avec celui de Desauges.

DESMAREST DE SAINT-SORLIN. Le premier article qui lui est consacré plus haut doit être rectifié ainsi : Recueil des poésies chrestiennes, comprend : la défense du poème chrétien, 12 p. ; Abraham ou la vie parfaite, poème, 34 p.: et les sept vertus chrestiennes, 1677, 84 p. Il y faut joindre aussi : Maximes chrétiennes tirées de l'Imitation. 1679, 56 p.; et Jésus-Christ, poème, 1679, contenant 5 ff et des pages cotées de 415 à 470, appartenant par conséquent à un recueil non décrit jusqu'ici. Brunet me parait avoir commis ici de nombreuses confusions.

— Les quatre livres de l'Imitation de Jésus-Christ, traduits en vers par J. Desmarets, Paris, P. le Petit et H. Legras, achevé d'imprimer pour la seconde fois le 6 octobre 1654, 211 p. et 6 ff non chiffrés. A la suite se trouve : le combat spirituel ou de la perfection de la vie chrestienne, traduction faite en vers par J. Desmarest, imprimé au chasteau de Richelieu. A Paris, chez Pierre le Petit et chez Henri le Gras, MCDLIV (sic). 4 ff et 157 p.

DINOCOURT (T.). L'ombre d'Escobar, 1826, in-32, Palais-Royal, impr. A. Beraud, 61 p.

DUFRAISSE (Marc). Le Deux décembre devant le Code pénal, Madrid et Bruxelles 1853, in-32. L'auteur met dans la bouche de Fouquier-Tinville un réquisitoire contre les auteurs du coup d'État.

HUGO (Victor). Châtiments, Genève et New-York, s. d. (1853), in-32, III-392 p. C'est la 2e édition.

— Napoléon le petit, Amsterdam, Stemvers et Cie, 1853, in-32, 284 p. C'est la 1re édition.

IMITATION. De imitatione Christi libri quatuor, Coloniæ, sumptibus Johannis Leonard bibliopolæ bruxellensis, 1698, in-32, 268 p. et table (M. Vallot).

— Traduction retouchée du R. P. de Gonnelieu, de la Compagnie de Jésus, nouvelle édition, précédée des prières durant la sainte messe, Paris, librairie int. catholique, Leipzig, L. A. Kittler ; Tournai, Vve H. Casterman, 1876, in-48, xvi-293 p.; typ. H. Casterman à Tournai (M. Vallot).

LA FONTAINE. Œuvres : Contes, 1826, 2 vol. in-32, librairie française et étrangère.

LUCAIN. Il y a des exemplaires de l'édition décrite plus haut avec le millésime de 1626, Amstelodami, apud Joannem Janssonium ; le frontispice est en sens inverse, c'est la meme composition (B. N.). Il y a aussi des exemplaires avec le millésime de 1627, Amsterodami, apud Guilielm. Janss : Cæsium, le frontispice est alors le meme, mais ce n'est plus la même composition, ils ont 6 ff non chiffrés, 196 p. et 14 ff non chiffrés.

LUCIEN. Dialogues des courtisanes, traduction et notices par A. J. Pons, illustrations par H. Scott et F. Méaulle, 1881, in-32,

A. Quantin, VIII-135 p. : les pages sont encadrées de vert.

NUTTALL. The standard pronouncing dictionary of the english language ; based on the labours of Worcester, Richardson, Webster, Goodrich, Johnson, Walker, Craig, Ogilvie, Trench, and other eminent lexicographers : comprising many thousands of new words which modern literature, science, art and fashion have called into existence and usage, compiled and edited by P. Austin Nuttall, L. L. D. ; a new edition, with revised preliminary tables, s. d. 8° à deux colonnes, London, Frederick Warne and Co, Camden press, XXXII-896 p. (M. Vallot).

OVIDE. Pub. Ovidii Nasonis opera, Amstelodami, apud Guili. Janss. Caesium, 1624, 3 vol. in-32, frontispice, 160, 272 et 304 p. (B. N.).

— Les mêmes, Guil. et J. Blaeu, 1638-43, Amsterdam, 3 vol. in-24.

PARIS-diamant illustré par Uzès, guide

Conty, 1880, édition lilliputienne, de Conty éditeur, in-48, 127 p.

PARNY. Œuvres choisies, 1827, in-32, Delangle frères, imp. G. Doyen, 202 p. (M. Defrémery).

PAROISSIEN des petites demoiselles, s. d. in-64, typ. Firmin Didot, 96 p.

PETIT paroissien de l'enfance, s. d. typ. Ad R. Lainé, in-128, 92 p.

PETRONII Arbitri Satyricon, cum uberioribus, commentarii instar, notis, Amsterodami, apud Guilielm J. Cæsium, 1626, in-16, 5 ff-288 p.

POTHIER. Œuvres, revues sur toutes les anciennes éditions, classées dans l'ordre des matières du code civil, précédées d'une dissertation sur sa vie et ses écrits et suivies d'une table de concordance, par Rogron et Firbach, 1825, in-8 à deux colonnes en 2 parties, Crochard, imp. Tilliard, VIII-1881-VII p. ; portrait. Rafraichi en 1835 par Depelafol avec un titre, imp. Rignoux.

RÉPERTOIRE DU THÉATRE FRANÇAIS avec des commentaires par Voltaire, L. Racine, La Harpe, Luneau de Boisgermain, d'Olivet, Palissot, Geoffroi, etc. ; des remarques de, Molière, Le Kain, Baron, Molé, Préville, La rive, mesdames Clairon, Duménil, Arnould, etc. (lesquelles remarques n'existent que sur le titre) ; et des notices sur les auteurs et acteurs célèbres, par L. B. Picard (qui n'a fait que prêter son nom) et J. Peyrot, 2 tomes en 4 parties, in-8 à 2 colonnes, 1826 (1825-29). F. A. Duprat, imp. Rignoux, 12 portraits.

Le tome I, 1re partie, comprend les deux Corneille et Molière, LXXII-912 p. et table. La 2e partie contient Racine, Regnard, Crébillon et Voltaire, 683 p. et table. Le tome II, 1re partie, comprend Scarron, Rotrou, Quinault, Montfleury, La Fontaine, Hauteroche, Campistron, Boursault, Dancourt, Baron, Brueys et Palaprat, Lafosse, Dufresny, Houdard de Lamothe, Poisson, Destouches, LXXXIV-855 p. et deux tables identiques de caractère différent : la 2e partie comprend Boissy, Le Sage, Marivaux, Piron, d'Allainval, Fagan, La Chaussée, Le Franc de Pompignan, Lanoue, Gresset, Guimond de la Touche, Lemière, Saurin, Diderot, Rochon de Chabannes, de Belloi, la Harpe, Collé, Favart, Champfort, Sedaine, Beaumarchais, Barthe, Collin d'Harleville, Fabre d'Églantine, J. J. Rousseau, 892 p. et table (M. Defrémery.

SANCTUM J. Christi Evangelium secundum Matthæum, Marcum, Lucam, Joannem, Acta Apostolorum, Pauli Epistolæ, Jacobi, Petri, Joannis, Judæ, Apocalipsis beati Johannis, 1538, 2 parties en 1 vol. in-16 de 304 et 206 p.-31 ff (première vente Veinant, nº 8, relié 86 de hauteur).

SLEIDANI (Jo.) de statu religionis et reipublicæ, Carolo quinto Cæsare, Commentarii, s. l. excudeb. Conrad Badius, 1559, in-16, 458 ff et index. A la suite se trouve : De quatuor summis imperiis, Babylonico, Persico, Græco et Romano, libri tres, mêmes imp. et date, 50 ff. et index.

STORMONTH. Etymological and pronouncing dictionary of the english language including a very copious selection of scientific terms for use in schools and colleges and as a book of general reference, by the rev. James Stormonth, the pronunciation carefully revised by the rev. P. H. Phelp, third edition, revised and enlarged with an appendix of scripture proper names, etc., respelt for pronunciation, 1876, William Blackwood and sons, Edinburgh and London, 8° à 2 colonnes, VIII-777 p. printed and electrotyped by w. Blackwood and sons, Edinburgh (M. Vallot).

TABLE

CHARAVAY FRÈRES ÉDITEURS
51, rue de Seine, à Paris

Du même auteur

LE PREMIER MARIAGE DU DUC DE BERRY, prouvé par document authentique, in-32 .... 0 fr. 50

Collection in-trente-deux

JOCKO, par M. C. de Pougens, précédé d'une notice par Anatole France, 1 vol. imprimé sur beau papier vélin teinté et orné d'une eau forte par M. Frédéric Régamey (tiré à 350 ex.) .... 5 fr. »»

HÉGÉSIPPE MOREAU ET SON DIOGÈNE, par Théodore Lhuillier, 1 vol. imprimé sur beau papier vélin teinté et orné d'un portrait d'Hégésippe Moreau gravé à l'eau forte par Frédéric Régamey (tiré à 350 ex.) .... 5 fr. »»

www.ingramcontent.com/pod-product-compliance
Ingram Content Group UK Ltd.
Pitfield, Milton Keynes, MK11 3LW, UK
UKHW020319180726
13839UKWH00001B/497